KB037462

지구의 이야기에 귀를 기울여 봐

지진과 화산 쫌 아는 10대

지구의 이야기에 귀를 기울여 봐

지진과 화산
쫌 아는 10대

이지유 글·그림

상대 팀 골키퍼가 지키는 골대를 향해 선수들이 힘껏 달립니다. 따라오는 상대 선수를 제치며 골을 드리브하다가 같은 팀 선수에게 패스하기도 하고, 바싹 붙은 채 격하게 수비하는 선수에게 제지당해 넘어지기도 합니다. 가까스로 골을 찰 기회를 만들어 힘껏 차니 골키퍼에 가로막히는군요. 실책과 반칙과 공격과 수비가 엉겨 축구장 안은 땀과 열기로 가득합니다.

축구장 맨 끝에 떡하니 버티고 있는 골대를 향한 선수들의 집중력과 의지는 경기가 끝나도 계속됩니다. 또다시 경기가 열리고 골대가 세워지면 선수들의 발은 언제나 그곳으로 뛰어갑니다. 골대는 선수들을 영원히 뛰게 하는 동력 그 자체인 듯합니다. 그 모습을 보면 대체 과학자들은 왜 그렇게 밤낮없이 연구하는 걸까 하는 의문이 풀리는 듯도 합니다. 뉴턴이 세운 운동법칙도 아인슈타인의 상대성이론도 그저 축구장 끝에 골대가 세워져 있기에 골을 넣듯 발견한 것들입니다. 발견이라는 골대에 공을 차 넣기까지 기존의 이론과 법칙과 권위 있는 과학자들이 완강하게 버티고 있었기에 부딪혀 다치기도 하고 공을 차도 되돌아오기도 했을 테지요.

〈과학 좀 아는 십대〉 시리즈 안에는 과학자들의 열정과 헌

신으로 지금의 문명이 세워진 역사가 기록되어 있습니다. 지금의 과학자들이 더 나은 미래를 위해 새롭게 연구하는 과제들이 나열되어 있습니다. 수많은 물질이 어떤 규칙을 가지고 세상을 이루었는지, 물질의 다채로움을 어떤 원소가 채우고 있는지, 빛과 전자기가 어떻게 발견되어 현대의 문명을 만들어 냈는지, 중력의 실체는 무엇이고 우주의 시작과 끝은 어디일지 과학이 탐험한 무한한 열정이 이 안에 담겨 있습니다. 그 길을 따라가다 보면 과학은 정답으로 굳어진 영역이 아니라 진리를 찾아 헤매는 과정임을 알게 됩니다.

하지만 과학이 경기장 안 선수들의 전유물은 아닙니다. 그저 공 차는 재미가 좋아서, 친구들과 어울리는 것이 신나서 때와 장소를 가리지 않고 하는 놀이이기도 합니다. 〈과학 쫌 아는 십대〉는 여러분이 마음껏 공을 가지고 뛰어놀 수 있는 놀이터입니다. 막히고 넘어지고 골인이 되지 않아도 그저 공을 가지고 어울려 노는 즐거움이 있는 곳입니다. 진리를 향한 과학자들의 땀과 멍과 하얗게 새운 수천의 밤이 새겨진 골을 후손의 과학자들이 여러분에게 패스하는군요. 골대는 여러분 앞에 놓여 있습니다. 어울려 힘껏 차 보기를 응원합니다.

기획자 김재실

지구는 겉보기엔 차갑고 딱딱하고 무뚝뚝한 것 같지만 속은 아주 뜨겁고 열정적인 데가 있어. 화산 폭발이나 지진 일으키는 걸 봐. 그래도 다행인 건, 과거에는 속이 더 뜨거워서 시도 때도 없이 화산 폭발과 지진이 일어났다는 점이야. 우리가 그때 태어나지 않은 게 얼마나 다행인지 몰라. 안 그랬으면 통구이가 되었을 테니까.

그런데 말이야, 화산에는 마그마가 올라오는 관이 있는데, 이 관이 피리 같은 역할을 해서 저주파 소리가 난다는 것 알고 있니? 그러니까 보기와 달리 예술을 쫌 안다고나 할까? 게다가 화산이 토해 내는 수증기와 화산재에는 지구 생물에게 아주 유용한 원소들이 포함되어 있어서 생물이 번창하도록 도와줘. 그러니까 좀 거칠어도 참아야지 뭐.

지진과 화산은 아주 가까운 사이야. 지진이 일어나는 이유 역시 지구의 속이 늘 부글부글 끓고 있기 때문이야. 지각 아래에는 아주 뜨거운 맨틀이 있는데, 맨틀은 고체이지만 아주 천천히 흘러. 그러니까 지각은 느리게 흐르는 뜨거운 맨틀 위에 얹혀 있는 셈이지. 지표면을 이루는 지각은 여러 개의 조각으로 나뉘어 제각기 다른 방향으로 움직이는데, 이때 조각이 만나는 곳에서 지진이 일어나고 화산도 생기는 거야.

우리 인간은 지진이 일어나면 무섭고 두렵고 죽는 생각만 하는데, 사실 지구는 그렇게 무자비하지 않아. 믿기지 않겠지만 지진이 생기기 전에 지구는 이런 말도 해.

"야, 나 이제 땅을 막 흔들 거야. 너희들 조심해라."

그런데 지구가 지진파로 이런 말을 하기 때문에 인간이 알아듣지 못한다는 것이 함정. 하지만 인간이 좀 똑똑한 구석이 있잖아? 요즘은 지진파를 제대로 번역해서 지구 속이 어떻게 생겼는지도 알 수 있게 되었어.

지질학자들은 지구의 말을 아주 잘 알아듣는 과학자들이야. 그들은 지진파, 화산, 지구 내부 구조, 암석, 광물 같은 것들을 연구해서 어떻게든 지구와 인간이 소통할 수 있게 해 주지. 자, 그럼 지질학자들이 지구의 메시지를 얼마나 알아냈는지 들어 볼까? 그래서 지구와 좀 더 친해지자고. 우리는 지구 없이 살 수 없으니까.

1. 지진 - 지구의 이야기를 들어라

2. 지구의 내부 구조 - 지구의 속사정

3. 대륙이동설 - 대륙이 뗏목이야?

4. 판구조론 - 지구는 3차원 퍼즐

5. 암석과 광물 - 돌고 도는 돌의 일생

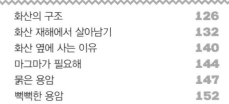

6. 화산 - 화산이 없으면 우리도 없다

1.
지진 -
지구의 이야기를
들어라

지진을 대비하는 방법

지진이라는 말을 들으면 가장 먼저 떠오르는 단어가 뭐야? 뭐, 대피라고! 지각의 움직임, 불의 고리, 판구조론, 해일, 쓰나미 같은 과학 전문용어가 아니라 대피가 먼저 생각난단 말이지? 그건 지진이 무섭다고 생각하기 때문이겠지.

그런데 말이야, 지진을 경험해 본 적이 있니? 없다고? 그럼 지진이 무섭다는 것은 어떻게 알아? 아, 뉴스에서 봤구나. 영화에서도 봤어? 그래, 영화에선 지진이 나면 땅이 흔들리고, 아스팔트 도로가 고무판처럼 우글쭈글 주름이 지고, 다리가 끊어지고 건물이 무너지는 장면이 나오지. 사람들은 소리 지르며 우왕좌왕, 운이 나쁘면 가족과 헤어지기도 하고 말이야. 아, 정말 무서워. 실제로 큰 지진은 너무너무 무서워. 공포를 느끼고 두려운 마음이 드는 것이 당연해. 두려움으로부터 벗어나려는 것이 인간의 마음! 그러니 지진이라는 말을 들으면 대피해야겠다는 생각이 드는 것은 인지상정!

이왕 지진 대피라는 말이 나왔으니, 지진이 났을 때 어떻게 하면 좋을지 알려 줄게. 우선 내가 살고 있는 지역에 지진이 자주 일어나는지 알아두는 것이 중요해. 물론 이건 모를 수가 없겠지. 오래전부터 지진이 자주 났다면 지방자치단체에서 미리 대비를 하고 있을 테니 말이야.

만약 지진 위험 지역에 살고 있다면 식수, 음식, 구급약을 늘 구비해 놓고 있어야 해. 식수는 오염되지 않은 물이라야 하고, 음식은 오래 두어도 상하지 않을 마른 음식이 좋겠지. 먹기 위해 불을 피워야 하는 음식은 좋지 않아. 큰 지진이 나면 전기나 가스가 끊겨 불을 피울 수 없으니 말이야. 혹시 모르니 휴대용 가스버너와 가스를 준비하는 것도 좋아. 구급약은 항생연고, 밴드, 소독약, 진통제 등이 필요하고 마스크, 모자, 장갑도 필요해. 먼지가 많이 생겨 숨 쉬기 불편할 수도 있고, 가구가 부서져 손을 다칠 수도 있기 때문이지. 안경을 쓰는 사람이라면 비상용 안경과 콘택트렌즈를 여분으로 준비하고 혹시 모를 상황을 대비해 호루라기도 챙기자. 그리고 가장 중요한 스마트폰 충전기를 준비해야겠지. 요즘은 무선충전기가 있으니 하나쯤 장만해 두는 것도 좋아. 통신이 가능하다면 구조신호를 보낼 수 있으니까. 그 밖에 속옷, 양말, 수건, 비누, 치약, 칫솔, 필기도구, 종이 등을 챙겨 두는 것이 좋아. 또 대피소에 오래 머물 수도 있으니 좋아하는 이야기책과 보드게임 도구도 챙기고. 가장 아끼는 인형처럼 가지고 있으면 마음이 안정되는 물건을 준비하는 것도 잊지 마.

이 모든 것은 한 번에 들 수 있는 가방에 차곡차곡 잘 넣어

그림 1-1 비상 가방엔 중요한 것을 너무 무겁지 않게 넣는 것이 중요하겠지?

놓는 것이 중요해. 여차하면 들고 튈 수 있게 말이야. 어때, 비상 준비물에 대해 이야기하니 뭔가 긴박한 느낌이 들지? 이런 비상 준비물은 지진뿐 아니라 다양한 위급 상황에서도 아주 유용하게 쓸 수 있어. 그러니 집집마다 한 꾸러미씩 준비하고 6개월에 한 번씩 점검을 해서 비상식량을 바꾸어 놓는 것도 좋을 거야. 아무리 마른 것이라도 유효기간이 있을 테니 말이야. 초콜릿 바 같은 것을 준비해 놓는 것도 좋을 것 같아. 반년에 한 번씩 새것으로 바꾸고 원래 것은 먹는 거지.

정말 좋은 생각 아니야?

이런 걸 다 준비해 놓고 있어도 막상 지진이 나면 정신이 하나도 없을 거야. 좋아, 그럴 때 어찌해야 하는지도 알려 줄게. 건물이 마구 흔들리면 큰 가구에 깔릴 수 있으니 책상이나 식탁처럼 위에서 떨어지는 것을 막아 줄 수 있는 곳으로 우선 몸을 피해. 두 손으로 머리를 감싸고 물건이 머리에 부딪히지 않도록 하는 것도 중요해. 머리를 다치면 큰일이니까.

비교적 안전한 곳을 찾아 몸을 웅크리고 있다면, 이제는 기다려야 해. 흔들림이 멈출 때까지 가만히 기다리는 거야. 건물이 흔들리지 않으면 바깥으로 나갈 궁리를 해도 좋아. 혹시라도 높은 건물에 있다면 엘리베이터는 타지 마. 불이 나면 엘리베이터 통로가 굴뚝 역할을 해서 연기가 몰려오기 때문에 땅에 닿기도 전에 질식할 수 있어. 그러니 좀 힘들지만 내려올 때는 계단을 이용하는 것이 훨씬 안전해.

그런데 말이야, 만약 너희가 해변에 살고 있다면 밖으로 나와 무조건 높은 곳으로 가야 해. 왜냐고? 해일이나 쓰나미가 와서 해변에 있는 것들을 휩쓸어 버릴 수 있거든. 지진은 땅이 흔들리는 건데 바닷물은 또 무슨 상관이냐고? 모르는 말씀, 상관이 있어.

지진이 바닷속에서 일어나거나 다른 대륙에서 일어나면,

바닷물은 어마어마한 운동에너지를 얻어. 에너지는 말이야, 많은 곳에서 적은 곳으로 옮아가려는 성질이 있어. 이건 아주 자연스러운 거야. 좀 뜬금없지만 그러니 먹을 걸 많이 가지고 있다면 없는 사람에게 나누어 주는 것이 좋아. 그것이 자연스러운 것이니까. 아무튼 바다는 어마어마한 에너지를 몰고 육지로 가. 그것이 쓰나미야. 만약 바닷가에 있는데 갑자기 파도가 뒤로 쏴아악 빠지면서 평소보다 아주 멀리 물러서면, 그때는 뒤돌아보지 말고 무조건 높은 곳으로 뛰거나 차를 몰고 달려야 해. 이제 곧 산 같은 거대한 파도가 몰려오니까 말이야. 높이가 10미터에 이르는 파도가 다가온다면, 그 앞에 있는 것은 어떤 것도 무사할 수 없어. 그러니 무조건 뛰어!

지진의 규모

지진이 일어날 때를 대비해서 비상 준비물을 알려 주었지만, 이 책을 읽는 우리나라 사람 가운데 실제로 비상 가방을 꾸리는 사람은 그리 많지 않을 거야. 우리나라에선 대피소로 피해야 할 만큼 큰 지진이 자주 일어나지 않기 때문이지. 하지만, 2016년 9월 규모 5.8 지진이 경주에서 일어났어. 이건 우리나라의 기상청이 지진 관측을 시작한 후 일어난 가장 규모가 큰 지진이었어. 이듬해인 2017년 11월에는 포항에서 규모 5.5 지진도 일어났어.

집을 잃은 이재민들은 인근 학교 체육관에서 생활해야만 했고, 2017년에는 마침 대학수학능력시험(수능)을 코앞에 두고 지진이 일어났기 때문에 수능을 일주일 연기하는 사태도 벌어졌지. 두 해 모두 지진 피해에 대한 대비가 서툴러 이재민들의 고생이 이만저만이 아니었어. 이 상황을 정리해야 할 공무원들과 전문가들도 어찌할 바를 몰랐어. 모두 처음 겪는 일이었으니까. 대신 이 두 지진은, 큰 지진이 일어나면 어떻게 행동해야 할지 구체적으로 생각할 수 있는 사건이었어. 요즘 모든 학교 앞에는 '임시지진대피소'라는 안내판이 붙어 있는데, 이것도 다 두 번의 지진 이후 생긴 거야. 임시지진대피소란, 지진이 일어났을 때 땅의 흔들림이 멈추면 모두 집에서 나와 대피하는 장소야.

땅의 흔들림이 멈추면 대피하라니, 정말 간단하지? 그런데 급하면 아무것도 생각나지 않아. 이럴 때 중요한 것이 반복학습이야. 평소에 숙지하고 있던 행동지침은 뇌에 각인이 되어, 생각하기도 전에 몸이 먼저 움직이니까 말이야. 그래서 대피훈련이 필요한 것이지.

사실, 우리나라에는 작은 지진이 많이 일어나. 경주에 큰

표 1-1 지진의 진도, 빈도, 그리고 영향

리히터와 모멘트 규모	연간 발생 횟수	거주 지역에서의 특징적인 영향
<3.4	800000	지진계로만 기록됨
3.4 ~ 4.2	30000	실내에 있는 몇몇 사람들이 느낌
4.3 ~ 4.8	4800	많은 사람들이 느끼고, 창문이 덜거덕거림
4.9 ~ 5.4	1400	모든 사람들이 느낌, 접시가 깨지고, 문이 흔들림
5.5 ~ 6.1	500	가벼운 건물의 손상, 회반죽의 균열, 벽돌이 떨어짐
6.2 ~ 6.9	100	많은 건물이 손상, 굴뚝이 넘어짐, 집의 기초가 흔들림
7.0 ~ 7.3	15	심각한 손상, 교량이 뒤틀림, 벽이 깨짐, 많은 석벽건물이 붕괴
7.4 ~ 7.9	4	큰 손상, 대부분의 건물이 붕괴
>8.0	<1	총체적 손상, 지표에서 파동이 관찰됨, 물체들이 하늘로 날아감

지진이 일어난 2016년에만 규모 2 정도의 작은 지진이 250
회나 일어났지 뭐야. 우리가 못 느낄 뿐 땅이 아주 작게 흔들
리고 있는 거야. 아, 규모 2가 무슨 뜻이냐고? 어머나, 아주
중요한 것을 알려 주지 않았네. 알았어, 설명해 줄게.

'규모'는 지진의 크기를 나타내는 말이야. 지진의 크기를 0
에서 10까지 나누어 나타내는 것인데, 숫자가 클수록 큰 지진
이야. 우리가 느낄 수 있을 만큼 큰 피해를 주는 지진은 규모
4, 5, 6, 7 정도의 지진이고, 4보다 규모가 작으면 잘 느끼지
못하지만 7보다 규모가 크면 피해도 크고 복구하는 데도 오

랜 시간이 걸려. 2011년 3월 일본 후쿠시마에서 일어난 규모 9의 지진 때문에 원자력발전소가 무너진 일 알고 있지? 그래서 방사성 물질이 바다를 오염시켰고 아직도 제대로 복구되지 않았다는 사실도.

지진이 나면 과학자들은 리히터 지진계를 보고 규모를 결정해. 사실 결정한다기보다 계산한다는 표현이 옳겠지만, 우리 모두 계산하는 이야기는 귀찮게 여기는 경향이 있으니 아주 간단하게 설명할게. 땅이 흔들리면 지진계도 흔들리면서 지그재그 모양 선으로 이루어진 지진 그래프를 그려. 이 들쑥날쑥한 선은 지진의 강도가 클수록 오르락내리락 진폭이 크고, 지진의 강도가 약하면 반대로 아주 작아. 지진이 일어나지 않을 때는 직선으로 나타나지. 병원에서 볼 수 있는 심장 박동 그래프를 좌우로 눌러 놓은 것과 아주 비슷해. 위급상황에서 심폐소생술을 벌이다 심장이 멈추면 삐 하는 소리와 함께 긴 줄이 그려지잖아? 지진이 나지 않을 때는 그와 비슷한 거야. 그럼 지진이 나지 않을 때는 지구가 죽었다는 뜻인가? 지진이 나야 살아 있는 셈이고. 이것 참, 예를 들고 나니 좀 이상하긴 하다.

아무튼 과학자들은 지진 그래프의 진폭이 클수록 큰 지진이라는 것을 알았는데, 이것을 숫자로 표시하니 0에서

10,000,000,000까지 나타내야만 했어. 아, 벌써 머리 아파 오는 사람들 있지? 0이 너무 많잖아. 지금 지진이 나서 빨리 대피해야 하는데, 0이 몇 개인지 세느라 시간을 낭비할 수는 없잖아? 그래서 과학자들은 로그라는 개념을 도입했어. 로그라니, 또 머리가 아파 오지만 조금만 참아 봐.

알고 보면 로그는 그리 어려운 개념이 아니야. 10배 차이를 1로 치는 걸 로그라고 해. 그러니까 규모 2인 지진은 규모 1인 지진보다 10배 진폭이 큰 지진이야. 규모 3인 지진은 규모 2보다 진폭이 역시 10배 큰 지진이지. 그렇다면 규모 3은 규모 1보다 얼마나 진폭이 큰 것일까?

100배라고? 빙고! 정말 똑똑하구나. 과학자들이 이걸 생각해 낸 거야. 별거 아니지? 연습 한 번 더 해볼까? 규모 6인 지진은 규모 5인 지진보다 10배 진폭이 큰 지진이고, 규모 4보다는 100배, 규모 3보다는 1000배 진폭이 큰 지진이야.

더 할까? 그만? 알았어, 알았어.

로그 덕분에 우리는 지진 규모를 0에서 10 사이로 표현할 수 있게 되었어. 그런데 말이야, 규모 2.1과 2.2 사이, 9.1과 9.2 사이는 진폭의 차이가 같을까? 같지 않아. 우리는 로그를 썼으니까. 그래서 규모가 8이나 9인 지진은 리히터 지진계로 측정했을 때 실제 지진의 크기를 제대로 표현하지 못하는 경

그림 1-2 리히터 지진계는 로그를 통해 지진의 규모를 간단하게 나타내지.

우가 있어. 이런 단점을 극복하기 위해 과학자들은 모멘트 규모라는 것을 하나 더 만들었어. 정말 큰 지진이 났을 때는 두 가지를 함께 쓰고 있어.

모멘트 규모는 지진의 원인이 된 단층의 크기, 단층이 움직인 정도, 단층의 움직임으로 인해 암석층의 모양이 얼마나 변했는지를 수치로 바꾼 뒤, 이 숫자들을 복잡한 공식에 넣어 계산해서 정해. 요것도 더 자세히 설명할까? 그만두라고? 그럴 줄 알았어. 이건 사실, 우리가 자세히 알 필요는 없어. 어려운 건 과학자들이 다 해 줄 거야. 우리는 결과로 나온 지진의 규모를 알고 피해를 입지 않도록 행동하면 돼. 계산 과정이 너무 궁금해서 꼭 알고 싶다면 지질학과에 가도록 해. 땅속을 연구하는 너무나 흥미로운 학문이니 꼭 한번 관심을 가져 봐.

지진계의 원리

리히터 지진계와 그를 통해 결정한 지진 규모에 대해 의문을 품는 사람 없니? 그 지진계는 믿을 만한 것일까? 있잖아, 옛날 사람들이 썼던 지진계를 보면 너희는 분명 안도의 숨을 쉴 거야. 찰스 리히터가 만든 지진계가 그래도 믿을 만하다는 사실을 알고 말이지.

사람이 한 명도 살지 않는 곳에서 지진이 일어난다면 그건 인간에게 아무런 문제가 되지 않아. 우리에게 피해를 주지 않으니까. 하지만 사람이 모여 사는 곳에 지진이 일어나면 큰 문제가 생겨. 우선 목숨을 잃는 사람이 생기고, 집이나 땅을 잃어서 농사를 짓지 못하거나 직장을 잃는 사람이 생기고, 그 결과 생계를 이어 나가지 못하는 사람이 많아지면 국가를 유지할 수 없게 되지. 그래서 오래전부터 권력이 있는 사람들은 지진을 연구하는 일에 관심이 많았어. 홍수, 가뭄과 함께 자연재해를 잘 다스리지 못하면 권력을 잃을 수밖에 없다는 사실을 잘 알고 있었기 때문이지.

 2000년 전 중국의 과학자 장형은 이미 일어난 지진을 잘 기록하는 일이 아주 중요하다는 것을 알았어. 그래서 지진이 일어나면 날짜와 시간, 지진의 강도를 기록했지. 그런데 말이야, 지진의 강도를 기록하려면 무언가 객관적인 측정 장치가 있어야 하지 않겠어? 그래서 용 여덟 마리가 거꾸로 매달린 금속 항아리를 만들었어. 용은 모두 구슬을 물고 있고 그 아래에는 두꺼비가 한 마리씩 버티고 있어서, 지진이 나서 항아리가 흔들리면 용이 물고 있던 구슬이 떨어져 두꺼비 입에 떨어지는 구조였지. 8방을 가리키는 용 중 어떤 용의 입에서 구슬이 떨어지는지를 보고 지진이 일어난 곳의 방향을 알았다고 하는데, 솔직히 이 지진계가 어떤 방식으로 작동했는지 확실히는 몰라. 지금 실물이 남아 있지 않아 확인을 할 수 없으니까. 가끔 장형이 만든 지진계라고 하면서 사진이 돌아다니는 것을 볼 수 있는데, 이건 기록을 보고 현대인들이 추정해서 만든 거야.

 현대적인 지진계는 무거운 추 끝에 펜을 달고 펜 끝에 종이가 지나가도록 만들었어. 무거운 추는 관성 때문에 그 자리에 있으려고 하기 때문에 지진이 나서 땅이 흔들리면 추 대신 종이가 흔들려. 그 결과 종이에 지그재그 그래프가 그려지는 거야. 조금 더 현대적인 지진계는 추 대신 자석이 있고, 자석은 금속선을 둘둘 감아 만든 코일 안에 있어. 지진이 나면 자석은 관성 때문에 그 자리에 가만히 있지만 코일이 움직이면서 금속선 안에 전기가 생겨. 이런 걸 유도 전기라고 해. 말 그대로 자석이 전기를 이끌어 냈다는 거야. 코일이 왔다 갔다 하면 전기의 방향이 달라지기도 해. 이렇게 달라지는 전기의 방향과 전기의 세기를 돌아가는 두루마리 종이에 그린 것이 지진 그래프야. 요즘 우리가 보는 지진파 그래프는 모두 이렇게 그려진 거야.

어때, 뭔가 더 복잡하게 발전한 것 같지? 이해하기 힘들어진다는 것은 뭔가를 더 정밀하게 측정한다는 반증 같은 거야. 그러니 너무 툴툴대지 마. 오늘날 지구상에는 수천 개의 지진계가 있고, 끊임없이 일어나고 있는 지진의 세기를 기록해. 현대적인 지진계 덕분에 지구 반대쪽에서 난 지진도 알 수 있지. 이 기록들을 모두 분석해서 지구 내부가 어떻게 생겼는지 알아내기도 해.

지진이 난 지역과 시간이 달라도 거의 모든 지진 그래프는 비슷한 양상을 가지고 있어. 지진이 없을 때는 직선으로 나타나다, 아주 작게 흔들리다 조금 있으면 진폭이 커져서 오르락

내리락하고는 다시 진폭이 작아지면서 고요해지지. 지질학자
들은 지진파마다 시간 간격이 다를 뿐 다 같은 양상을 보이는
데 주목했어. 뭔지 모르겠지만 지구가 계속 같은 이야기를 하
고 있었던 거야.

상상력과 창의력이 풍부한 과학자들은 지구가 지진파로 하
는 이야기를 해석하려고 애를 썼어. 지진 그래프 분석을 통해
서 말이야. 그 결과 과학자들은 지구의 속사정, 아니 내부 구
조를 알게 되었어. 지진이 나면 빨리 대피하고 인명 피해를
줄이려고 열심히 지진파를 기록했는데, 알고 보니 지진파는
지구 속으로 들어가지 않고도 지구의 내부 구조를 알 수 있
는 훌륭한 단서였어. 지구는 지진을 통해서 인간에게 계속 말
을 걸고 풀어야 할 숙제를 내주고 있었던 거야. 지구에 대해
지구인이 이해할 수 있도록 말이야. 지구에겐 훨씬 큰 계획이
있었던 거지.

지진파를 해석하라

자, 그럼 지구의 언어인 지진파를 해석해 볼까. 지진파 그
래프를 좍 펼쳐 놓고 살펴보자고!

직선이던 지진파가 작게 흔들리기 시작할 때 P파가 왔다고

해. P는 primary의 약자로 처음이라는 뜻이야. 그러니 P파는 처음으로 도착한 지진파라는 뜻이지. 이 지진파는 지진이 진행하는 방향 앞뒤로 진동하는 파야. 사람들이 한 방향으로 걸어가는 퍼레이드를 상상해 봐. 모든 사람이 같은 속력으로 걷고 있지 않기 때문에 빠르고 느리게 가기를 반복하지만 행렬은 앞으로 나가지? 그거하고 똑같아.

또 하나 좋은 예는 스프링 장난감이야. 돌돌 말려 있는 스프링을 거실 바닥에 일자로 두고 한쪽 끝을 긴 방향으로 툭 쳐 봐. 스프링은 앞뒤로 출렁이면서 그 충격이 저 끝으로 이동하지? 그게 바로 P파가 앞으로 나가는 방식이야. 소리도 이런 방식으로 전달되는 거야. 이런 걸 두고 과학자들은 '종파이면서 압력파'라고 하지.

P파는 고체, 액체, 기체를 모두 통과할 수 있고, 속도는 7~8km/s로 소리가 전달되는 속도보다 20배나 빨라. 이게 얼마나 빠르냐 하면 서울에서 대전까지 20초밖에 걸리지 않아. 차를 몰고 시속 100킬로미터로 달리면 한 시간 반이 걸리는데 말이야. 우리나라는 땅이 그리 넓지 않아서 어디서든 지진이 나면 1~2분 안에 온 나라가 그 지진을 느낄 수 있다는 이야기지. 물론 지진파는 거리가 멀어지면 약해지니까 나라 전체가 지진 피해를 입지는 않지만, 지진파는 그만큼 빨라.

지진이 나면 P파는 한 시간이면 지구 반대편으로 가서 지진이 났다는 사실을 알릴 수 있을 정도야. 당연한 이야기지만 P파는 S파보다 빠르기 때문에 지진이 나면 지진 관측소에 가장 먼저 도달해. 하기야 그러니까 P파가 된 거겠지. P파는 속도는 빠르지만 힘이 약해서 지진 피해는 그리 크지 않아. 대신 지구 속 어디든지 통과할 수 있어.

다음으로 도착한 S파는 secondary wave의 약자로, 말 그대로 두 번째로 도착한 지진파라는 뜻이야. S파는 행렬을 좌우로 흔드는 파야. 뱀처럼 구불구불 행진하는 것으로 보이지. 이런 걸 두고 횡파라고 하는데, 진폭이 크다 보니 큰 지진 피해를 줄 수 있어. 아까 실험했던 스프링 장난감을 가지고 와봐. 두 사람이 양쪽에서 잡고 한 사람이 스프링을 좌우로 흔들면 파동이 반대 사람에게 전해지지? 뱀처럼 구불거리면서 말이야. S파는 이런 방식으로 전진해. 그래서 땅을 훨씬 많이 흔들 수 있는 거지.

S파는 3~4km/s로 P파보다 느리기 때문에 나중에 도착해. 여기서 놓치지 말아야 할 점은, S파가 P파보다 느리다고는 하지만 여전히 빠르다는 사실이야. 서울에서 지진이 나면 P파가 도착한 뒤 40~50초쯤 지나면 전국에 S파가 도착하니까. 그럼에도 그 정도의 속도인 건 다행이기도 해. 짧다면 짧은

그림 1-3 P파는 앞뒤로 움직이는 종파이고, S파는 진행 방향에 수직으로 움직이는 횡파야.

시간이지만 위험을 대비할 때는 생사를 결정하는 중요한 시간이 될 수도 있어.

P파와 S파는 탄성파라고도 해. 이건 무슨 말이냐 하면, 적

당히 탄성이 있는 매질을 통과하는 파동이라는 뜻이야. 탄성이란 어떤 힘이 가해졌을 때 모양이 조금 변하더라도 그 힘이 사라지면 원래 모습으로 돌아오려는 성질을 이르는 말이야. 고무줄, 젤리, 스펀지 등을 상상하면 쉬울 거야.

스펀지를 떠올려 봐. 손가락으로 눌렀다 떼면 다시 제 모습으로 돌아오지? 탄성이 있어서 그런 거야. 그럼 돌에도 탄성이 있다는 건가? 맞아. 암석에도 탄성이 있어. 스펀지처럼 눈에 띄게 모습이 변하는 것이 아니라, 암석을 이루고 있는 원자 사이의 결합을 조였다 풀었다 하는 방식으로 바뀌었다 다시 돌아오는 거지. 곰 모양으로 생긴 좀 단단한 젤리 알지? 암석은 그것보다 단단하지만 그 젤리와 비슷해. 그래서 지진파가 암석을 지나갈 수 있어. 만약 암석에 젤리 같은 탄성이 없다면 P파나 S파가 충격을 주면 달고나처럼 부서지고 말아.

S파보다 진폭이 크고 큰 피해를 주는 것은 표면파야. 예전에는 이 두 가지를 잘 구분하지 못했지만 러브와 레일리 덕분에 S파와 표면파를 구분할 수 있게 되었지. 표면파는 속도가 가장 느리고, 액체나 고체의 표면을 지나가면서 매질을 위아래로 들썩이게 할 뿐 아니라 작은 단위로 부수고 쪼개. 아주 천천히 지나가면서 확실히 암석을 깨는 거지. 표면파는 발견자들의 이름을 따서 러브파와 레일리파로 불러. 표면파 역시

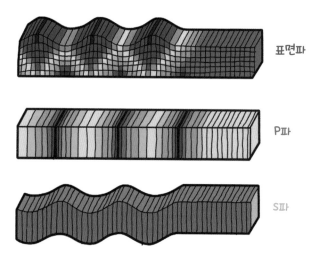

그림 1-4 표면파, P파, S파가 에너지를 전달하는 방식이야.

surface의 알파벳 앞 자를 따면 S파가 되겠지만 P, S파와 헷갈릴 수 있으므로 그냥 표면파라고 불러.

S파는 고체인 암석만 지나갈 수 있고 액체인 물과 기체인 공기를 통과할 수 없어. 왜냐하면 액체와 기체는 분자들이 멀찍이 떨어져 있기 때문에 횡파인 S파가 휘저어 분자들의 자리를 바꿔 놓으면 되돌아오기 힘들기 때문이야. 반대로 P파는 앞으로 분자들을 밀어 분자들끼리 가깝게 만들어. 그러면 분자들은 제 간격을 찾으려고 조금 멀어지고, P파가 또 가깝게

만들면 다시 멀어지는 과정을 반복하기 때문에 액체도 통과할 수 있어. 기체도 마찬가지고.

그래서 결론은, P파는 액체와 기체를 통과할 수 있지만, S파는 통과할 수 없다! P파는 지구 속 어디든 통과할 수 있지만 S파는 지구 속에 지나갈 수 있는 곳과 그럴 수 없는 곳이 나뉜다는 말이지. S파는 바다는 통과할 수 없지만 바다 밑에 있는 맨틀은 통과할 수 있어. 맨틀은 고체니까. 하지만 그보다 더 아래에는 S파가 갈 수 없는 곳이 있어. 맨틀 아래에는 액체로 된 핵이 있는 거야.

과학자들은 지구 반대편 어딘가에서 지진이 났을 때 P파는 어디든 도달하지만 S파는 도달하지 않는 부분이 있다는 것을 알아냈어. 이런 곳을 '음영대'라고 해. 이건 분명히 지구 내부에 S파는 통과할 수 없는 액체로 된 부분이 있다는 소리지.

이런 사실을 처음으로 알아낸 지구인은 덴마크의 지진학자 잉게 레만이야. 레만은 분명 핵은 고체와 액체로 나뉘어 있다고 믿었어. 그렇지 않으면 S파가 도달하지 않는 부분을 설명할 수 없었거든. 뭐, 당연히 당시 과학자들은 미친 소리라고 조롱했지만 얼마 지나지 않아 모두 레만의 주장에 동의할 수밖에 없었어. 레만의 이론은 단 하나의 예외도 없이 다 맞아떨어졌기 때문이야.

그림 1-5 표면파, P파, S파가 지나가는 모습을 보렴. S파가 지나가지 못하는 곳이 보이지? 그곳은 액체라는 뜻이야.

그래서 핵을 두 층으로 나누어 중심 부분은 고체로 된 내핵, 바깥 부분은 액체로 된 외핵이라 부르기로 하고, 내핵과 외핵의 경계면에 '레만면'이라는 이름을 붙였어. 그래서 지구인은 레만이 누군지 몰라도 레만의 이름을 기억할 수밖에 없는 입장이야. 이 정도면 미친 소리라고 놀리던 사람들에게 홀

룡한 복수를 한 셈이지?

표면파는 지표를 쑥밭으로 만들지만 지구 내부에 대해서는 거의 아무것도 알려 주지 않아. 큰 피해를 주면서 지구에 대해 아무런 정보도 주지 않는다니 정말 무례한 것 같지만, 인간들이 표면파의 메시지를 아직 해독하지 못하는 것일 수도 있어. 해독할 실마리가 남아 있다는 것은 좋은 거야. 아직 할일이 남아 있다는 것이니까.

지구는 지진파를 이용해서 지구의 내부 구조를 알려 주고, 지진학자는 몇 가지 실마리만으로 지구의 비밀을 풀어. 과학자는 탐정과 같아. 정말 흥미진진하지 않아? 그럼, P파와 S파가 이야기하는 지구 내부 구조에 대해 좀 더 들어 볼래?

2.
지구의
내부 구조 -
지구의 속사정

지구 출생의 비밀

지구 속이 어떻게 생겼는지 알려면, 지구가 어떻게 태어났는지 또 어떻게 나이를 먹었는지 알아야 해. 이건 인간에 대해 알아 가는 것과 비슷해. 어떤 사람을 이해하려면 어디서 태어났는지 어린 시절과 사춘기는 어땠는지 등 성장 과정을 아는 것이 도움이 될 때가 있거든.

지구는 46억 년 전 태양과 거의 동시에 태어났어. 거대한 먼지 덩어리 중심부에선 태양이 태어났고, 태양 중심으로부터 1억 5000만 킬로미터쯤 떨어진 곳에서 지구가 태어났지. 당시 지구엔 날마다 크고 작은 운석이 떨어져서 그 충격으로 지표면은 불바다였어. 또 방사성원소가 붕괴하면서 내놓는 에너지 때문에 지구 속도 뜨끈뜨끈했지. 중력으로 물질이 둥글게 모여 있긴 했지만 단단한 공이 아니고 암석들이 녹은 액체 상태였던 거야. 지구 역사상 가장 혼란스러운 시기였어.

이때 지구 내부에선 아주 흥미로운 일이 벌어졌어. 높은 온도에 철(Fe)과 니켈(Ni)이 녹아 가라앉기 시작한 거야. 철과 니켈은 아래로 아래로 수천 킬로미터를 내려갔어. 지구의 반지름이 6400킬로미터인 걸 생각해 봐. 정말 머나먼 길이었겠지만 그렇게 힘이 들지는 않았을 거야. 워낙 무거워 그냥 지구의 중력이 이끄는 대로 가라앉으면 되었거든. 그 결과 지구 중심에는 철이 잔뜩 모이게 되었어. 그래서 오늘날 지구에 철이 풍부한 핵이 있는 거야.

지구의 어린 시절에 벌어졌던 일은 이게 다가 아니야. 좀 어려운 말로 화학적 분화 과정을 거치게 되는데, 행성이라면 누구나 겪는 성장 과정이라 볼 수 있어. 지구처럼 둥근 공 모양의 행성은 중심부가 가장 뜨거워. 왜냐하면 중력이 지구 중심 방향으로 작용해서 가운데 부분은 어마어마한 압력을 받기 때문이야. 위아래 좌우에서 물질들이 누르기 때문에 물질들이 압축되어 그냥 가만히 있기만 해도 열을 받는 상황이야. 게다가 방사성원소들이 붕괴하면 내놓는 열까지 가세해서 6000도에 이를 정도로 뜨거워. 이런 걸 상상해 봐. 크기가 같은 교실이 두 개 있는데, 한 방에는 사람이 한 명만 있고 다른 교실에는 100명이 있어. 어디가 더 더울까? 당연히 100명이 있는 교실이야. 게다가 100명이 춤을 추고 있다면? 지구 중심은 바로 이런 상황과 비슷해.

중심은 뜨겁고 바깥으로 갈수록 온도가 내려가기 때문에 지구 내부의 물질은 대류를 해. 온도가 높은 액체나 기체는 가지고 있는 열에너지를 부족한 곳으로 옮기려는 속성이 있는데, 부족한 곳이 바로 윗부분이야. 그래서 열을 안고 위로

그림 2-1 온도가 높으면 위로 올라가고 낮으면 내려가는 대류 현상이 지구 내부에서도 똑같이 일어나고 있어.

올라가지. 그럼 그 빈자리를 상대적으로 차가운 물질이 내려와 채우는 거야. 그리고 중심에서 열을 받아 다시 떠오르지. 이렇게 상대적으로 온도가 높은 물질은 떠오르고, 온도가 낮은 물질은 가라앉는 현상을 대류라고 해. 대류는 에너지를 골고루 나누려는 현상이야.

대류 과정에서 비교적 가벼운 규소(Si)와 알루미늄(Al)은 서서히 지표로 올라와 식었어. 이것이 바로 땅껍질, 지각이야. 규소와 알루미늄은 산소와 아주 친하기 때문에 산소와 결합한 규산염 상태로 지각에 머물게 되었지. 오늘날 지구의 지각이 지구의 역사 초기에 이미 만들어졌어. 칼슘(Ca), 칼륨(K), 나트륨(Na), 철, 마그네슘(Mg)도 서서히 올라와 지각에 쌓여갔어. 이 물질들은 나중에 생겨날 바닷물과 생명체의 구성성분이 될 예정이야. 물론 지구에게 바다와 생명체를 만들 계획이 있었는지는 모르겠지만 말이야.

지각이 만들어지면서 아주 흥미로운 일이 또 생겼어. 지각 근처에 와서 굳은 마그마 속에 금(Au), 납(Pb), 우라늄(U)이 섞여 있었어. 지구 전체에 포함된 양에 비하면 얼마 안 되는 양이지만 지금 사람들이 금과 우라늄과 납을 얼마나 좋아하는지 생각해 봐. 이것들을 손에 넣지 못해 안달이잖아? 하긴 금이 지금보다 더 많았다면 이렇게 좋아하지 않았을 테지.

아무튼 이와 같은 복잡한 과정 뒤에 지구의 모습이 얼추 갖추어졌어. 철이 풍부한 핵, 원시지각, 그리고 그 사이에 있는 맨틀, 이렇게 세 층을 갖춘 지구가 탄생한 거야. 과학자들은 이렇게 말해. "태양계 형성 초기에 지구는 화학적 분화 과정을 거쳐 층상 구조를 갖추었다." 이게 무슨 말인지 이제 알겠지? 뭔가 전문가가 된 것 같지 않아?

지구의 내부 구조

지구 내부에 층이 있다는 사실을 아는 것은 아주 중요해. 앞으로 지구에서 일어날 일은 모두 이 층상 구조 때문에 생기기 때문이야. 과학자들은 각 층을 이루고 있는 물질의 물리적 성질과 화학적 성질을 이해하려고 무척 애쓰고 있어. 물리적 성질이란 고체인가, 액체인가, 강한가, 약한가 등을 가늠하는 일이고, 화학적 성질은 각 층이 어떤 원소들로 이루어져 있는지, 이 물질들이 어떤 상호작용을 하는지 파악하는 것이지.

왜 그래야 하냐고? 이렇게 다방면으로 이해해야 화산활동, 지진, 조산운동 등을 이해할 수 있어. 지구의 활동을 이해해야 사람을 포함해 생물들이 죽지 않고 지구에서 오래도록 살 수 있고 말이야. 그러니까 지구의 내부 구조를 이해하는 것은 우리가 안전하게 살아가는 데 꼭 필요한 일인 거지. 또 지각에서 아주 유용한 자원들을 효율적으로 찾아내려면 지구 내부 구조와 그로 인해 일어나는 일을 잘 알고 있어야 해. 구리나 금, 다이아몬드를 찾고 싶다고 땅과 숲을 무작정 파헤치면 곤란하잖아? 아는 만큼 하고 싶은 일, 이루고 싶은 일을 효율적으로 할 수 있어.

지각은 지구를 둘러싼 얇고 단단한 껍질로 암석으로 이루어져 있어. 얇다고는 하지만 대륙을 이루는 대륙지각의 두께는 평균 35킬로미터에 이르고, 히말라야산맥이나 로키산맥의 지각은 70킬로미터에 이를 정도로 두꺼워. 얇다는 것은 6400킬로미터에 이르는 지구의 반지름에 비해 얇다는 뜻이야. 대륙지각은 여러 종류의 암석으로 이루어져 있고 나이도 다양해서, 가장 오래된 것은 40억 년이나 된 것도 있어. 지구의 나이와 비슷한 지각이니 정말 많은 사연을 품고 있겠지? 잘 물어보면 엄청나게 많은 이야기를 해 줄지도 몰라.

해양지각은 바다 밑에 있는 지각으로, 두께는 평균 7킬로미터로 대륙지각보다 얇아. 나이는 길어 봐야 1억 8000만 년 정도로 대륙지각에 비해 젊은 편이고. 주로 해저화산에서 흘러나온 용암이 바닷물과 만나 식어서 생긴 현무암과 퇴적물이 쌓여 만들어진 퇴적암으로 이루어져 있어.

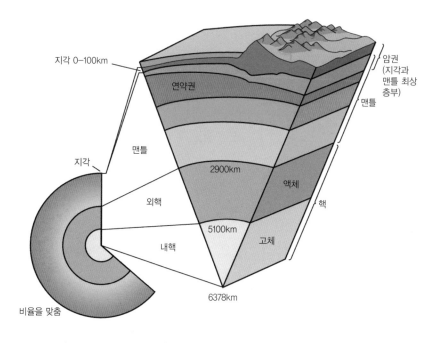

지각 0–100km

연약권

암권
(지각과
맨틀 최상
층부)

맨틀

맨틀

지각

2900km

액체

외핵

핵

5100km

내핵

고체

6378km

비율을 맞춤

그림 2-2 지구 속을 구경해 봐. (출처: 미국지질조사국(USGS))

지각 아래에는 2900킬로미터 아래까지 맨틀이 차지하고 있어. 맨틀은 지구 부피의 82퍼센트를 차지하고 있어서 맨틀을 모른다면 지구를 모른다고 보아도 틀리지 않아. 맨틀은 지각과는 구성성분이 뚜렷하게 차이가 나는데, 마그네슘과 철이 지각보다 훨씬 많아. 맨틀은 다시 상부맨틀, 하부맨틀로 나뉘어. 지각 아래에서부터 660킬로미터까지는 상부맨틀이라 하고, 상부맨틀은 다시 암권, 연약권, 전이대로 나뉘어.

암권은 지각과 바로 아래에 있는 맨틀상부의 단단한 부분을 합해서 부르는 말이야. 나중에 나올 판구조론에 나오는 판이 바로 암권이야. 연약권은 약하고 부드러운 암석층이야. 암권과 연약권의 관계는 떠먹는 요구르트 위에 초코링을 얹은 것과 비슷해. 성질이 전혀 다르지만 떨어지지 않고, 요구르트가 천천히 흐르면 초코링도 따라 움직이잖아? 요구르트는 연약권, 초코링은 암권인 셈이지. 부드러운 연약권 위에 붙어 있는 암권은 판구조론의 핵심 개념 중 하나야. 그러니 잘 기억해 둬. 전이대는 상부맨틀이 하부맨틀로 바뀌는 지역이야. 전이대가 있다는 말은 상부맨틀과 하부맨틀의 경계선이 뚜렷하지 않다는 뜻이야. 깊이 들어갈수록 물리적 성질이 아주 조금씩 바뀐다는 뜻이지.

하부맨틀은 660킬로미터부터 2900킬로미터에 이르는 곳으로 위에 놓인 어마어마한 양의 암석들로 짓눌려 압력 또한 어마어마해서, 맨틀 바닥은 해수면보다 140만 배나 커. 그야말로 상상 초월이지. 그 탓에 온도도 높아서 암석은 고체지만 아주 천천히 흐를 수 있어. 이를 두고 과학자들은 '느리고 유동적'이라고 해.

자, 이제 핵이야.

맨틀 아래에는 지구의 중심핵이 있어. 지구의 어린 시절 철과 니켈이 중심으로 가라앉은 사건을 기억하고 있지? 중심에는 미처 지각 쪽으로 떠오르지 못한 소량의 산소, 규소, 황 등이 있어. 이 원소들은 모두 철과 쉽게 결합하는데, 아마 정을 떼지 못했나 봐.

핵은 외핵과 내핵으로 구분할 수 있어. 앞서 레만이 지진파를 연구해서 외핵과 내핵의 존재를 알아냈다는 이야기를 했잖아? 그 이야기를 다시 하는 거야. 놀랍게도 외핵은 액체 상태야. 아, 이 사실은 벌써 알고 있지? 하지만 성분이 무엇인지는 이야기하지 않았을 거야. 외핵은 녹은 금속이 대류하고 있어. 이게 왜 대단한가 하면, 그 덕분에 지구에 자기장이 생겨서 지구는 커다란 자석처럼 행동하기 때문이야. 이건 정말 대단한 일이야. 지구의 자기장은 투명 방패 같아서 태양에서 날아오는 고에너지 입자들을 막아 주고, 덤으로 북극과 남극에 근사한 오로라를 남기거든. 녹은 금속을 핵으로 가지고 있지 않은 행성들은 꿈도 꿀 수 없는 일이야!

내핵 역시 금속으로 이루어져 있지만 지각, 맨틀, 외핵이 내리누르는 압력 때문에 높은 온도에도 불구하고 고체 상태로 있을 수밖에 없어. 온도가 높아서 밖으로 나온 상태라면 마음먹은 대로 흐를 수 있지만 지구 중심에선 그럴 수 없는 것이지. 아, 왠지 내핵이 불쌍한 느낌이 들어. 좀 불쌍하지만 무거운 중량과 뜨거운 열원으로 지구 중심에 든든하게 버티고 있는 내핵 덕분에 우리는 지각에서 잘 살고 있어. 이 모든 사실을 종합해서 내핵과 외핵에게 감사의 말을 전해 볼까?

내핵, 외핵아 고마워!

자, 지구 내부 구조를 다시 정리해 보자. 내가 서 있는 곳에서 땅을 파고 내려가면 지각, 상부맨틀, 하부맨틀, 외핵, 내핵을 만나게 되는 거야. 물론 지구 중심까지 가는 동안 살아 있을 수 있다면!

지각에 대해 알려 줘마

지구상에 사는 대부분의 생물은 지각에 살아. 그것도 지각과 대기가 만나는 경계에서 살고 있어. 지구의 내부 구조에 대해선 시큰둥한 사람이라도 지각에 대해서 이야기하면 귀가 솔깃해질 거야. 우리가 살고 있는 곳이고, 우리가 살아가는 데 필요한 많은 자원을 지각에서 얻으니까.

지각은 암석의 조성에 따라 대륙지각과 해양지각으로 나눌 수 있어. 그런데 대륙지각이라고 모두 물 밖으로 나와 있는 것은 아니야. 바다 가까운 부분은 물속에 잠겨 있기도 하거든. 암석의 조성이 아니라 단순하게 바다 밖으로 드러난 부분을 대륙이라고도 해. 또 바다 밑에 있는 부분을 해양저라고 하지. 그러니까 지각은 눈에 보이는 대로 구분하면 대륙과 해양저로 나뉘는 셈이야.

대륙은 크게 조산대와 안정지괴로 나눌 수 있는데, 조산대란 산을 만드는 지역을 이르는 말이야. 우리가 잘 알고 있는 곳으로는 환태평양조산대를 들 수 있어. 환태평양조산대란 태평양을 둘러싼 고리 모양의 조산대라는 뜻으로, 일본열도와 알류산열도, 아메리카 서부 지역에 있는 로키산맥과 안데스산맥, 뉴기니, 필리핀을 잇는 거대한 고리야. 새로운 산맥은 물론이고 화산도 많아서 이곳을 '불의 고리'라고도 불러. 히말라야산맥과 알프스산맥도 잘 알려진 조산대야. 이 산들은 지금도 1년에 수 센티미터씩 높아지고 있고, 생긴 지 1억 년이 안 된 아주 젊은 산들이야. 1억 년은 인간에겐 매우 긴 시간이지만, 46억 년을 산 지구의 입장에선 아주 짧은 시간에 불과해.

어린 조산대와 달리 안정지괴는 주로 대륙 내부 깊숙이 들어온 곳에 있고, 나이도 6억 년 이상 된 땅이야. 이런 곳은 오랜 시간 풍화와 침식 작용을 받아 평평하게 깎여서 평탄한 모습으로 변하기 때문에 순상지라고 불러. 이름에서부터 뭔가 순한 느낌이 들지? 하지만 순상지는 생긴 지 오래된 땅이라

결코 순하게만 살아오지는 않았어. 일례로 캐나다 순상지는 40억 년이나 된 땅인데, 그동안 아무 일도 없었겠니? 지구의 나이와 거의 같은데 말이야. 참, '순'은 순하다는 뜻이 아니고 방패를 뜻하는 한자어(楯)야.

과학자들은 안정지괴나 순상지를 열심히 연구해. 숨어 있는 이야기가 얼마나 많겠어? 양쪽에서 힘을 받아 위아래로 휘어지는 습곡, 너무 갑작스레 충격을 받아 지층이 끊어지는 단층, 위에서 누르는 힘을 견디지 못하고 땅속 깊숙한 곳으로 들어가 열을 받아 변성작용을 겪는 등 수많은 이야기가 있을 거야. 그 이야기를 다 모으면 지구의 역사가 완성되겠지?

해양저는 바다 밑 대륙인데, 해안에서 바다로 들어가면서 대륙주변부, 심해분지, 해양저산맥, 중앙해령 등으로 나눌 수 있어.

대륙주변부는 대륙에 인접한 바다 밑바닥이야. 완만한 경사가 이어지는 대륙붕, 갑자기 깊어지는 대륙사면, 그러다 완만해지는 대륙대로 나눌 수 있어.

대륙붕은 완만한 경사가 이어지고 대륙에서 내려온 퇴적물이 쌓이는 곳이야. 여기는 바다 밑이긴 하지만 지각은 대륙지각이야. 그러니까 대륙붕은 대륙지각 위에 바닷물이 있는 셈이야. 이곳에는 햇빛이 들기 때문에 수많은 바다 생물이 살

아. 대륙붕 끝에는 대륙사면이 이어지는데, 심해저와 연결되는 아주 가파른 사면이야. 대륙사면의 끝에는 다시 경사가 완만한 곳이 나와. 여기를 대륙대라고 해. 대륙대 끝은 심해분지로 이어져. 여기야말로 진정한 해양지각이라 할 수 있지.

해양저의 백미는 바로 해양저산맥이야. 해양저산맥은 해저 화산이 늘어서서 만든 산맥인데, 마치 야구공 꿰맨 자국 같아 보여. 길이도 어마어마해서 무려 7만 킬로미터나 이어져 있어. 육지에는 이런 거대한 구조가 없어. 오로지 바다 밑에만 있는 놀라운 구조야.

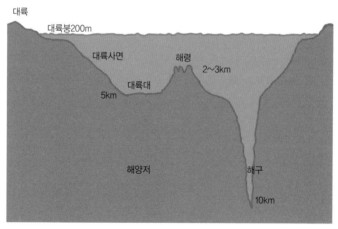

그림 2-3 지구상의 지각은 바다 밖이냐 바다 속이냐에 따라 대륙과 해양저로 나뉘어. 해양저의 다채로운 모습을 구경해 볼래.

해양저산맥의 중심에서는 화산활동과 함께 마그마가 올라와 새로운 땅이 생겨나고 있어. 마그마의 입장에선 가장 얇은 지각을 뚫어야 지구 밖으로 나갈 수 있잖아? 해양지각은 대륙지각보다 얇으니 뚫기에 유리해. 이제 막 태어난 땅을 보고 싶니? 그럼 대서양 바닥으로 가면 돼.

참, 잊고 말하지 않은 것이 있네. 곳에 따라 대륙사면과 대륙대 사이에 아주 깊은 계곡이 있어. 해구라고 불리는 이 계곡은 대륙의 산맥을 거꾸로 엎어 놓은 것처럼 깊은 계곡이야. 예를 들어 페루-칠레 해구는 깊이가 1만 1000미터에 이르기 때문에 히말라야산맥을 거꾸로 넣고도 남아. 너무 깊어서 빛은 전혀 들지 않고 무슨 일이 벌어지는지 아무도 몰라. 그래서 해구에 관해 다양한 소문이 퍼지기도 해. 그곳에 괴물이 산다거나 우리가 모르는 도시가 있다거나 지구 중심으로 통하는 입구가 있다는 등 흥미로운 이야기가 있어. 이런 이야기가 나온다는 것은 해구에 대해 아는 것이 별로 없다는 소리야.

해구는 대부분 해저화산과 평행하게 있어서 마치 누가 바다 바닥에 주름을 잡아 놓은 것 같아. 평평하게 펼친 천을 밀면 주름이 잡히잖아? 바로 그것과 비슷해. 누군가 태평양 바닥을 밀어 붙이고 있는 거야. 그렇다면 지각은 가만히 있는 것이 아니라는 소리네. 땅이 움직인다니, 정말 그럴까?

3.
대륙이동설 -
대륙이
뗏목이야?

대륙 퍼즐 맞추기

1915년 벨기에의 기상학자 알프레드 베게너가 《대륙과 해양의 기원》이라는 책을 출판했어. 이 책의 내용을 간략하게 요약하면 이런 거야.

"2억 년 전 대륙은 남극 근처에 모두 모여 있었는데, 그 이름은 팡게아! 어느 날 팡게아는 여섯 개의 대륙으로 쪼개져 바다를 유유히 가르고 이동해 오늘날과 같은 모습이 되었다!"

이 책이 나오자마자 온 세계는 충격에 휩싸였어. 땅은 절대로 변하지도 움직이지도 않아야 안전하게 살 수 있을 텐데,

사진 3-1 '팡게아' 이론을 팡 하고 터뜨린 알프레드 베게너(1880~1930). (출처: 위키미디어 커먼즈)

마치 대륙이 뗏목처럼 항해한다고 했으니 말이야. 사실 대륙은 바다의 바닥과 한 몸으로 움직인다는 사실이 나중에 밝혀졌지만, 뗏목이든 뭐든 대륙이 고정되어 있지 않고 움직인다는 사실 자체가 모든 사람에게 커다란 충격을 주었어.

과학자들은 베게너에게 맹비난을 퍼부었어. 베게너가 기상학자였기 때문에 지질학자들은 더욱 심하게 반대를 하기도 했어. 하지만 말이야, 분야는 달라도 과학자였던 사람이 무언가를 주장하는 책을 냈을 때는 그것을 증명할 수 있는 근거가 분명 있었다고 봐야겠지? 그러니 우리도 베게너의 주장을 하나하나 살펴보자고. 당시 지질학자들처럼 반박도 하면서 말이야. 베게너가 주장한 대륙이동설을 잘 이해해야 그다음에 나온 판구조론을 이해할 수 있어. 그의 주장이 없었으면 판구조론도 나올 수 없었으니까.

기후학을 연구하는 기상학자였던 베게너는 세계지도를 들여다보다가 아프리카 서쪽 해안과 남아메리카의 동쪽 해안이 퍼즐처럼 잘 들어맞는다는 사실을 깨달았어. 그런 생각을 하면서 지도를 다시 들여다보니 대륙들을 얼추 한 덩어리로 만들 수 있겠다는 생각이 들었지. 이건 아주 큰 발견이었어. 그동안 수많은 사람들이 세계지도를 만들고, 세계지도를 쳐다보고, 그 지도를 들고 탐험과 모험을 떠났지만 아무도 대륙을 퍼즐 조각으로 생각하진 않았으니 말이야.

하지만 대륙을 찢어 낸 지도 조각을 가지고 옛날에는 대륙이 하나였다고 무작정 주장할 수는 없는 노릇이야. 베게너는 과학자였단 말이지. 그래서 그는 네 가지 근거를 들어서 대륙이동설을 주장했어.

첫째는 남아메리카와 아프리카의 해안선 모양이 퍼즐 조각처럼 잘 맞는다는 점, 둘째는 멀리 떨어진 대륙에서 같은 지

그림 3-1 대륙들이 마치 퍼즐 조각처럼 맞춰진다는 것이 대륙이동설이야.

질시대에 살았던 같은 종의 화석이 아주 좁은 구역에서 발견된다는 점, 셋째는 멀리 떨어진 대륙에서 동일한 시기에 생성된 특이한 암석과 특이한 지질구조가 분포한다는 점, 넷째는 고기후 증거였어.

베게너가 대륙이동설을 위해 첫 번째로 든 증거는 남아메리카 동부해안선과 아프리카의 서부해안선이 얼추 잘 들어맞는다는 점이었어. 원래 해안선은 파도 때문에 끊임없이 침식되어 모습이 변할 수밖에 없어. 그런데 우연히 두 대륙의 해안선이 퍼즐처럼 딱 맞게끔 풍화·침식되었다니, 이건 누가 봐도 이상한 이야기야. 오히려 원래 한 덩어리였는데 무슨 이유인지 몰라도 쪼개졌다고 보는 편이 합리적이지.

그런데 당시 지질학자들은 이 주장에 강하게 반대 의견을 냈어. 지도에서 보면 비슷하게 맞아떨어지는 것 같지만 해안선의 모양이 딱 맞아떨어지지 않는다는 것이었지. 하지만 지질학자 중에는 조금 다른 생각을 하는 사람도 있었어. 해안의 풍화·침식이 그렇게 문제라면 물에 의해 깎이거나 갈리는 작용이 덜한 물속, 그러니까 대륙주변부를 맞춰 보면 어떨까 하고 말이야. 에드워드 블러드와 동료들은 이런 생각을 바탕으로 해수면 900미터 아래의 등고선을 이어서 아프리카대륙과 남아메리카대륙의 지도를 다시 그렸어. 그렇게 그리면 당연히 물 위에 드러난 것보다 조금씩 넓어지고 경계선도 훨씬 단순해져.

아니, 그런데 이게 웬일이야? 놀랍게도 두 대륙이 딱 맞아떨어지지 뭐야. 베게너의 대륙이동설은 상상력이 뛰어난 기상학자가 지어낸 이야기가 아니라 실제로 일어났을 가능성이 아주 큰 사건이었던 거지. 1960년 블러드와 동료들은 이와 같은 내용을 출판했고, 그 덕분에 많은 사람들이 베게너의 주장을 긍정적으로 받아들이게 되었어. 베게너가 대륙의 이동을 주장한 지 45년 만에 인정을 받게 된 것이지. 베게너가 정말 좋아했겠지? 하지만 베게너는 그럴 수 없었어. 1930년 북극으로 기후 연구를 위한 탐사를 떠났다가 영영 돌아오지 못했거든.

고생물의 흔적

대륙이동설을 주장하기 위해 내세운 두 번째 증거는 바다 건너 멀리 떨어진 대륙에 같은 지질시대에 존재했던 같은 종의 생물화석이 존재한다는 사실이었어. 베게너는 이 같은 화석을 보면서 자신의 이론을 좀 더 적극적으로 증명해야겠다고 생각했어. 대륙이 퍼즐 조각처럼 맞는다는 것보다 화석이 훨씬 강력한 증거가 될 수 있다고 여긴 거야.

베게너는 열심히 증거들을 수집했어. 고생물학자들이 쓴 논문을 열심히 읽고 의견을 나누는 일도 열심히 했어. 그러다 고생물학자들 역시 멀리 떨어진 대륙에서 같은 생물의 화석이 아주 제한된 지역에서 나오는 이유를 밝히고 싶어 한다는 사실을 알았어. 그들도 이와 같은 현상을 설명하려고 애쓰고 있었던 거야.

그럼, 그런 화석들은 도대체 무엇이었을까?

베게너가 주목한 화석은 메소사우르스와 리스트로사우르스, 그리고 글로소프테리스의 화석이었어. 메소사우르스는 2억 6000만 년 전 고생대 페름기 말~중생대 트라이아스기 초에 살았던 수중 파충류로 겉모습은 악어와 비슷하게 생겼어. 메소사우르스의 화석은 남아메리카와 아프리카를 맞추어 놓았을 때 만나는 곳을 중심으로 양 대륙의 흑색 셰일층을 따라 좁게 분포하고 있었어. 다른 곳에선 찾을 수 없는 화석을, 오늘날 전혀 다른 환경에 놓인 두 대륙에서 찾았어. 어떻게 하면 이런 일이 생길 수 있을까? 베게너는, 예전에는 이곳이 붙어 있었다고 보는 것이 가장 합리적인 답이라고 생각했어.

리스트로사우르스는 2억 5000만 년 전 페름기 말~트라이아스기 초에 살았던 초식동물로, 검치가 있고 네 발로 걸어

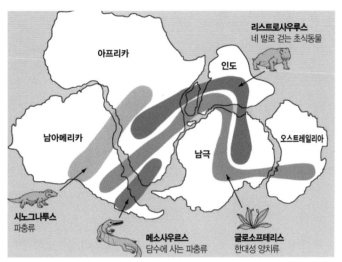

그림 3-2 고생물 화석은 대륙 이동의 강력한 증거야. (출처: USGS; 위키미디어 커먼즈)

다녔어. 동시대에 살았던 리스트로사우르스의 화석들 역시 아프리카, 인도, 남극에서 발견되었어. 만약 대륙이 페름기에도 떨어져 있었다면, 같은 시대에 같은 종이 흩어져서 살았다는 것을 설명하기 어려워. 원래 생물은 고립된 환경에서는 주어진 자연환경에 적응하도록 외형과 습성이 변화하거든. 하지만 리스트로사우르스는 그렇지 않았어. 다른 대륙에 살았지만 외형이 똑같았지.

당시 고생물학자들은 이런 현상을 두고 여러 가지 가설을 제시했어. 동물이 뗏목 역할을 할 부유물을 타고 건너갔다고도 하고, 조석간만의 차가 있을 때 얕은 바다가 드러나 다리 역할을 하는 지형지물을 이용해 건너갔다고도 하고, 징검다리 역할을 하는 무언가를 이용했을 것이라고도 했지. 예를 들면 8000년 전 빙하기 때, 알래스카와 러시아를 연결하는 베링 해협이 바다 위로 드러나 동물과 사람들이 아시아에서 아메리카대륙으로 이동한 것처럼 말이야. 하지만 이 설명으론 메소사우르스와 리스트로사우르스가 둘 이상의 대륙에서 발견되는 것을 깔끔하게 설명할 수 없었어.

베게너는 글로소프테리스라는 식물의 화석도 증거로 제시했어. 이 식물은 잎은 혀 모양으로 생겼고 큰 씨앗을 맺는 종이었고, 남아메리카, 아프리카, 인도, 남극, 오스트레일리아에서 발견되었어. 글로소프테리스가 거의 모든 대륙에서 발견되었기 때문에 고생물학자들 사이에선 그 당시 지구에 흔하게 있는 식물이었다고도 했어. 하지만 그렇게 넘기기엔 이상한 점이 있었어. 글로소프테리스는 현재 중앙알래스카같이 추운 곳에서 사는 한대성 식물인 거지. 글로소프테리스의 화석이 발견된 인도, 오스트레일리아, 아프리카, 남아메리카 지역은, 지금은 춥지 않은 곳이야. 한대성 식물이 어떻게 열대와 온대 지방에 살았던 것일까?

베게너는 모든 대륙이 한곳에 모여 남극점 근처에 있었다

고 설정하면 글로소프테리스와 메소사우르스와 리스트로사
우르스의 의문을 해결할 수 있다고 생각했어. 그래서 대륙 이
동의 증거로 내세웠지.

또 다른 증거들

여기저기 흩어진 대륙들을 한데 모아 맞출 때 기준으로 사
용할 수 있었던 세 번째 증거는 '특이한 암석과 지질구조의 연
속성'이야. 예를 들어, 미국 동부해안을 따라 북쪽으로 뻗어
있는 애팔래치아산맥은 해안을 따라 북쪽으로 뻗어 가다가
뉴펀들랜드 해안에 가서 갑자기 뚝 끊겨. 산맥이 갑자기 바다
로 사라져 버린 거야. 흥미롭게도 바다 건너 영국, 스칸디나
비아반도의 해안, 아프리카 서부에서 애팔래치아산맥과 같은
연령, 같은 지질구조를 찾아볼 수 있어. 이 산맥은 오래전에
는 이어져 있었지만 어떤 이유로 뚝 끊겨 바다를 사이에 두고
마주 보고 있는 꼴이 된 거야. 이런 예는 또 있었어. 브라질에
서 발견한 22억 년 된 화성암과 똑같은 암석을 아프리카에서
도 발견했어.

베게너는 이와 같은 상황을 찢어진 신문 조각 맞추기에 비
유했어. 찢어진 채 발견된 신문을 맞출 때 제대로 맞추었는지

알아보는 방법은 뭘까? 먼저 찢어진 모양을 맞추고 그다음으로 문장이 제대로 이어지는지 보는 거야. 만약 신문을 읽을 수 있다면 조각을 제대로 맞춘 셈이겠지? 멀리 떨어진 대륙에서 특이한 암석과 지질구조의 연속성을 맞추는 것은 문장을 맞추는 것과 같으니 말이야.

네 번째 증거는 고기후였어. 고기후란 역사시대 이전의 기후를 연구하는 학문이야. 주로 빙하, 방사성동위원소, 나이테 등을 이용해서 지구의 기후를 연구해. 베게너가 원래 기후학자였다는 사실을 기억하고 있지?

베게너는 고생대 말에 생긴 빙하 기록이 아프리카 남부, 남아메리카, 오스트레일리아, 인도에서 동시에 발견되는 점에 주목했어. 지금 이 대륙들은 모두 적도 근처 아주 더운 곳에 있잖아. 그런데 여기서 같은 고생대 말에 생긴 빙하의 기록이 있는 거야. 고생대에 이 대륙들은 아주 추운 곳에 있었다는 뜻이지. 이를 두고 당시 지질학자들은 3억 년 전, 고생대 말에 지구가 빙하기여서 모든 대륙에 빙하가 있을 수밖에 없다고 주장했어. 베게너의 주장이 틀렸다는 거지. 하지만 기후학자였던 베게너는 고기후에 대한 자료를 많이 가지고 있었어. 그중 하나가 현재 시베리아, 미국 동부, 유럽에 위치한 주요 탄전에 대한 것이었어.

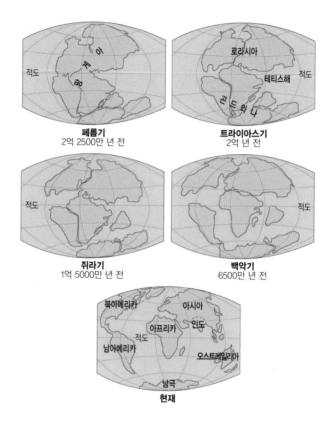

페름기
2억 2500만 년 전

트라이아스기
2억 년 전

로라시아

테티스해

적도

곤 드 와 나

쥐라기
1억 5000만 년 전

백악기
6500만 년 전

적도

북아메리카   아시아

아프리카   인도

적도

남아메리카

오스트레일리아

남극

현재

그림 3-3 대륙 분리의 5단계 과정을 시간순으로 비교해 볼래. (출처: 위키미디어 커먼즈)

탄전이 생기려면 늪이 있어야 하고 열대성 식물인 잎이 넓
은 양치류들이 살고 있어야 해. 잎이 넓다는 말을 들으니 뭐
떠오르는 거 없니? 그런 식물은 열대 지방에 살아. 그러니까

늪지대는 그냥 늪이 아니라 절대 얼지 않는 더운 지방이어야 하는 거지. 1년 내내 얼지 않는 곳, 지구상에 그런 곳은 적도 지방밖에 없어. 그래서 베게너는, 팡게아의 남쪽 부분은 남극에 있어 빙하가 있었고, 팡게아의 북쪽은 적도 근처라 따뜻하고 습도가 높은 탄전 습지가 생겼다고 설명했어. 대륙이 이동하면서 이 탄전은 오늘날 북위 30~60도인 온대 지역으로 옮겨 왔고 말이야.

지금 들으면 뭐 하나 틀린 것 없이 딱딱 들어맞지만, 이 주장이 정설로 받아들여지기까지 거의 50년이나 걸렸어. 대륙이동설은 뜨거운 오스트레일리아 중앙에 있는 빙하의 흔적을 설명할 수 있고, 육상동물이 바다를 건너 서로 다른 대륙에 존재하는 것 등 수많은 의문을 설명할 수 있었는데 말이야. 왜 그랬을까?

부족한 게 있었어

대륙이동설의 가장 약한 부분은, 대륙이 이동하는 근본 에너지를 설명할 방법이 없었다는 점이야. 물질이 위치를 바꾸거나 자리를 옮길 때는 반드시 에너지가 필요해. 지구 역시 물질로 이루어져 있기 때문에 대륙을 움직이려면 어디선가

에너지가 공급되어야 하거든.

베게너가 생각한 것은 조석력이었어. 달의 위치에 따라 차등 중력으로 생기는 조석력이 대륙을 움직이는 힘이 될 수 있다고 제시한 거야. 조석력을 이해하려면 서해안에 생기는 조석간만의 차를 생각하면 쉬워. 달의 위치에 따라 바닷물이 들어오기도 하고 나가기도 하지? 누가 바닷물을 그렇게 움직일 수 있겠어? 달과 태양의 위치 때문에 생기는 조석력은 인간이 흉내 낼 수 없는 어마어마한 힘이야. 그렇다면 조석력 때문에 대륙이 움직인 걸까?

물론 그렇지 않아. 조석력이 바닷물을 이리저리 몰고 다니긴 하지만, 그 힘으로 대륙을 움직일 수는 없어. 그런데 말이지, 이건 베게너 잘못이 아니야. 과학계 전체가 지구에 대해, 특히 지구의 내부 구조에 대해 아는 것이 별로 없었기 때문에 대륙을 움직이는 힘에 대해선 어느 누구도 설명할 수 없었어. 아마 조석력보다 더 좋은 아이디어가 있었다면 분명 그걸 선택했겠지. 오늘날 우리가 맨틀의 움직임을 지각 이동의 원인으로 생각하고 있는 것처럼 말이야.

대륙이동설에 대한 또 하나의 약점은, 대륙이 뗏목처럼 해양바닥을 뚫고 지나간다는 아이디어야. 지금은 대륙지각과 해양지각이 한 판을 이루어 맨틀에 떠서 같이 움직인다는 것을 설명할 수 있지만 베게너는 그것도 설명할 수 없었어. 역시 지구의 내부 구조를 몰랐으니까.

베게너는 뛰어난 과학자의 직관으로 대륙이 움직였다는 사실은 알았지만 그것을 하나하나 증명하는 일을 할 수 없었어. 그래서 살아 있는 동안 자신의 주장이 과학계에 받아들여지는 것을 볼 수 없었지. 그 일은 후대의 과학자들만이 할 수 있는 일이었으니까. 당대의 과학자들, 특히 북아메리카의 과학자들은 지질학자가 아닌 기상학자의 주장을 비웃고 비난했지만, 베게너는 먼 훗날 누군가 대륙이 이동한다는 확실한 증거를 찾으리라는 것을 믿었을 거야.

베게너의 대륙이동설은 그 후에 밝혀진 지구에 관한 과학적 사실들과 버무려져 판구조론으로 다시 태어났어. 결국 베게너의 말이 옳았던 거지. 우리는 확실히, 움직이는 대륙에서 살고 있어!

4.
판구조론 -
지구는
3차원 퍼즐

산구조론이란?

제2차 세계대전이 끝나자 해양학자들에게 좋은 소식이 들려왔어. 미 해군연구소가 바다를 탐험하는 데 아낌없는 지원을 하겠다고 나선 거야. 물론 군이 이런 결심을 한 것은 세계의 평화를 위해서라거나 인간들이 가지고 있는 원초적인 호기심을 해결해 주기 위해서는 아니야. 만약의 사태에 대비해 잠수함과 군함이 다니는 안전한 항로를 만드는 것이 필요하다고 여겼던 거지.

아무튼 과학자들은 바다 밑을 샅샅이 살피는 연구를 할 수 있었어. 말 그대로 해양탐사의 부흥기를 맞이했지 뭐야. 세계대전 이후 20여 년 동안 해양학자들은 해양저지형에 대해 거의 모든 것을 알아냈어. 바다 밑바닥은 어떻게 생겼는지, 해양지각의 나이는 몇 살인지, 두께는 얼마나 되는지 말이야.

이렇게 조사하고 보니 정말 흥미로운 사실이 많았어. 바다 밑바닥에 있는 해양지각은 아무리 오래된 것도 1억 8000만 년을 넘지 않은 아주 젊은 땅이었어. 어떻게 이럴 수가 있을까? 어느 나라에 갔는데 한두 살 된 아기들만 있다고 생각해 봐. 정말 신기한 일이잖아? 바다 밑 땅이 바로 그런 상태야. 해양학자들이 보기에 바다 밑에서 땅이 생겨나는 것 같았어.

그런데 말이야, 이게 사실이었어.

해양학자들이 해양저에 대해 알아낸 사실들을 학계에 보고하자 그동안 잠들어 있던 베게너의 대륙이동설이 다시 물 위로 떠올랐어. 1968년까지 발견된 해양저에 관한 지식을 종합한 과학자들은 대륙이동설을 한 단계 업그레이드시켜야 할 필요성을 느꼈어. 그것이 바로 판구조론이야. 자, 그럼 판구조론에 대해 이야기해 볼까.

저 앞에서 지구의 내부 구조에 관해 이야기한 것 중에 '암권'이 있었던 것 기억나니? 지각과 맨틀 최상부의 단단한 부분을 합해서 부르는 용어 말이야. 암권은 단단해. 지각도 단단하고 맨틀 최상부도 단단하니, 당연히 암권도 단단하지. 이런, 단단하다는 말이 너무 많이 나오네. 암권은 해양암권의 경우 평균 두께가 100킬로미터, 대륙암권은 150~200킬로미터 정도야. 해양암권은 두께가 얇은 대신 밀도가 높고, 대륙암권은 두껍지만 밀도가 낮아. 음, 뭔가 공평한 느낌이지?

암권 바로 아래에는 연약권이 있다는 것도 기억나지? 연약권은 암권과 비교했을 때 더 뜨겁고 부드러워서 아주 천천히 흐르는데, 이를 두고 유동성이 있다고 해. 반면 그 위에 얹힌 암권은 차갑고 단단해. 그래서 힘을 받으면 흐르는 대신 휘거나 부러지거나 파괴되고 말지.

중요한 포인트를 알려 줄게. 암권과 연약권은 붙어 있어. 연약권은 흐를 수 있어. 그래서 암권은 끌려가. 오케이? 자, 다음으로 넘어가자.

암권은 암권지판, 또는 줄여서 판이라고 하는데, 지구는 모양과 크기가 다른 20여 개의 판으로 덮여 있어. 이 판들은 일정한 속도로 상대적인 운동을 해. 이건 무슨 말인가 하면, 우선 판마다 각기 다른 속력과 방향으로 움직이고 있다는 뜻이고, 모두 움직이기 때문에 절대적 움직임을 파악하기 불가능해서 상대적 움직임만 알 수 있다는 뜻이야.

아까도 말했지만, 이 판을 움직이게 해 주는 것은 바로 아래에 있는 연약권이야. 연약권은 맨틀의 윗부분이며 천천히 흐르니까 판은 그 위에 얹혀서 연약권이 날라다 주는 대로 움직여. 바로 이 부분이 판구조론의 중심 아이디어야. 베게너는 절대 알 수 없었던 사실이지. 그러니까 우리는 똑똑하고 창의적인 베게너보다 아는 게 더 많은 거라고!

20개의 판 가운데 7개의 주요 판이 지구 표면의 94퍼센트를 덮고 있어. 유라시아판, 아프리카판, 북아메리카판, 남아메리카판, 오스트레일리아판, 남극판, 태평양판이 7개의 주요 판이고, 이 중 태평양판이 가장 커. 판은 대륙판과 해양판이 혼합된 것들이 있어. 예를 들어 남아메리카판은 남아메리

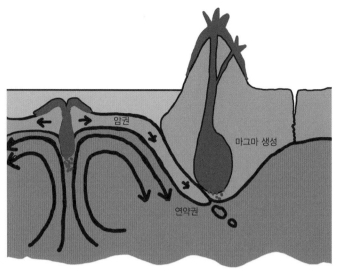

그림 4-1 연약권의 움직임에 따라 암권이 움직여.

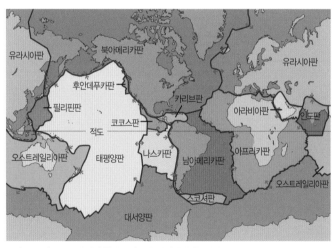

그림 4-2 판구조론의 핵심 원리는 암권이 연약권의 움직임에 따라 별개의 지각 판으로 존재한다는 거야. 20여 개의 판으로 되어 있어. (출처: USGS; 위키미디어 커먼즈)

카 전체와 대서양의 절반이 포함되어 있어. 그러니까 대륙과 해양이 한 몸으로 움직이는 거지. 이것 역시 베게너는 몰랐어. 7개의 주요 판 외에 중간 크기의 판으로는 카리브판, 나스카판, 필리핀판, 아라비아판, 코코스판, 스코셔판, 후안데푸카판 등이 있고, 이보다 더 작은 판들도 있어.

자, 이제 판이 무엇인지 알겠지? 판구조론이란 이 판들이 어디로, 어떻게, 왜 움직이는지를 설명하는 이론이야. 오케이?

판구조론의 원리

판구조론에는 네 가지 기본 원리가 있어.

첫째는, 각 판은 단단한 하나의 단위이고, 다른 판에 대해 상대적인 운동을 한다는 것이야. 예를 들어 태평양판과 유라시아판은 거대한 하나의 단위이고, 판마다 고유한 속도와 방향성이 있어. 내 길을 간다, 뭐 이런 느낌이라고나 할까.

둘째는, 서로 다른 판에 위치한 두 지점의 거리는 시간이 지나면 변하지만, 같은 판에 있는 두 지점의 거리는 변하지 않아. 이건 또 무슨 말이냐 하면, 우리는 잘 느끼지 못해도 유라시아판에 있는 서울과 북아메리카판에 있는 뉴욕 사이의 거리는 조금씩 변해. 각 판이 조금씩 움직이니까. 하지만 서울과 대전 사이의 거리는 변하지 않아. 같은 판에 있으니까.

셋째는, 두 번째 사항의 예외 조항인데, 아시아와 인도의

그림 4-3 판과 판 사이의 거리는 달라지지만, 한 판 안에서 거리의 움직임은 없어.

경계 지역이나 중국 남쪽에는 암권이 다른 곳보다 부드러워서 같은 판에 있으면서도 거리가 변하는 지점이 있어. 아주 특이한 경우라 할 수 있지. 평평하게 민 밀가루 반죽 두 장을 서로 부딪쳐 봐. 당연히 만나는 곳은 불쑥 튀어 오르고, 주름이 잡히면서 표면이 엉망이 되잖아. 바로 그런 경우인 거야. 만약 밀가루 반죽이 아니라 달고나였으면 깨졌겠지? 히말라야산맥이 이런 과정으로 생겨났어.

넷째는, 어쩌면 가장 중요한 원리인데, 판은 상대적 운동을 하기 때문에 서로 다른 판 사이의 작용은 '판의 경계'에서 일어날 수밖에 없다는 사실이야. 우리 삶에 영향을 주는 화산활동과 지진이 거의 대부분 판의 경계에서 일어나기 때문에 판 사이의 작용을 이해하는 것은 무엇보다 중요해.

거대한 판은 단단한 땅이고 암권의 깊이 또한 200킬로미터에 이를 정도로 깊기 때문에 판 어디에 있어도 불안하지 않아. 하지만 판과 판이 만나는 경계는 이야기가 좀 달라. 서로 마찰을 일으키면서 밀어붙이거나 밀도가 큰 판이 밀도가 작은 판 아래로 밀려 들어가기도 해. 거대한 땅이 서로 만나 으르렁거리는 형국이라고나 할까. 당연히 문제가 생기지.

따지고 보면 판 사이의 마찰로 생기는 지진이나 화산은, 지구의 입장에선 자연스러운 일이야. 문제는 그 근처에 살고 있는 생물, 특히 인간이 지진과 화산활동을 불편하게 느낀다는 점이야. 그럼 그런 곳에 살지 말라고? 그게 그렇게 간단하지가 않아. 판의 경계가 주로 해안가에 있기 때문에 사람이 살기 좋은 곳이 많거든. 그래서 판의 경계에서 일어나는 지진이나 화산활동에 관심을 기울일 수밖에 없어. 많은 사람의 삶에 영향을 주니까.

그러니 어쩌겠어, 연구를 해야지. 과학자들은 판이 만나는 경계에 대해 열심히 연구를 했어. 그 결과 판의 경계를 세 가지로 구분할 수 있게 되었지.

첫 번째 경계는 두 판이 멀어지는 '발산경계'인데, 주로 바다 밑에 있고, 벌어진 틈으로 맨틀의 물질이 올라오면서 새로운 땅을 만들기 때문에 '생성경계'라고도 해.

두 번째 경계는 두 판이 서로를 향해 움직이는 '수렴경계'인데, 대규모 산맥이 생기거나 해양암권이 대륙암권 아래로 가라앉아 맨틀 속으로 들어가면서 사라지는 곳이기도 해. 그래서 이곳을 '소멸경계'라고도 하지.

세 번째 경계는 두 판이 그냥 스치고 지나가는 곳으로 '변환단층계'라고 하는데, 암권이 생기거나 소멸되지 않기 때문에 '보존경계'라고도 해.

세 종류의 경계에 붙인 이름을 보면 알 수 있듯이, 과학자들은 판의 경계에서 암권이 생기는지, 사라지는지, 보존되는지에 관심이 많아. 하긴 판끼리 만나서 벌어지는 일인데, 생기고 없어지고 보존되는 것 말고 뭐가 중요하겠어. 어때, 이것도 생각보다 간단하지?

≡ 새 국이 생기는 곳 ≡

자, 이제는 세 종류의 경계에 대해 좀 더 자세히 이야기해 줄게. 가장 먼저 발산경계!

발산경계를 생성경계라고 부른다는 것 기억하고 있지? 주로 바다 밑에 있다는 것도. 그래서 발산경계는 해저확장, 다시 말해 바다가 넓어지는 것과 아주 깊은 관계가 있어. 발산경계에서 두 암권이 벌어지는 모습은 실밥 터진 인형을 보는 것과 비슷해. 솜을 빵빵하게 넣은 인형의 솔기가 터지면 어떻게 되겠어? 꼭꼭 눌러 넣어 놓아 높은 압력 상태로 있던 솜이 마구 터져 나오겠지. 발산경계에서 벌어지는 일이 바로 이런 거야.

단단한 암권이 벌어지면 그 아래에 눌려 있던 마그마가 그 사이를 비집고 올라와. 그런데 마그마가 암권을 비집고 올라와 보니 바로 물이 있네! 그래서 나오자마자 식는데, 이때 세

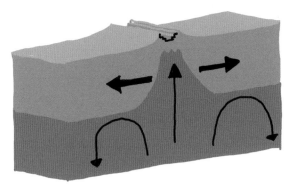

그림 4-4 발산경계가 생기는 과정을 보렴. 단단한 암권이 벌어지자 눌려 있던 마그마가 올라와 뻥튀기를 시작해. 그리고 화산이 생기지.

가지 일이 동시에 벌어져. 우선 마그마 속에 있던 가스들이 터져 나오면서 마그마는 용암으로 변신해. 동시에 뻥튀기하듯 부피가 확 커져. 왜냐하면 가스가 빠져나가면서 용암 안에 무수히 많은 기포가 생겼기 때문이야. 이건 튀김과 비슷해. 마지막으로 물을 만나서 용암이 식으면서 새로운 지각이 생겨. 이 세 가지 일은 거의 동시에 일어나.

발산경계를 멀리서 보면 두 판의 경계를 따라 높이 2~3킬로미터인 산맥이 있는 것처럼 보여. 경계에선 계속 마그마가 나오고, 나오는 즉시 해양지각이 되어 양쪽에 붙어 각 판의 일부가 되고, 천천히 경계에서 멀어져.

여기서 새로운 용어 등장. 두 판의 경계를 따라 마그마가

사진 4-1 발산경계에서 볼 수 있는 해령. 대서양 한가운데에 산맥처럼 이어져 있는 것이 중앙대서양해령이야. (출처: 미국해양대기청(NOAA); 위키미디어 커먼즈)

솟아나는 산맥을 '해령'이라고 해. '령'은 작은 언덕이라는 뜻인데, 높이가 2킬로미터에 이르니 사실 작지는 않지.

자, 중요한 개념 하나. 발산경계의 가장 큰 특징은 해령이 있다는 거야. 해령은 해저확장의 중심이야. 중요한 해령으로는 중앙대서양해령, 동태평양해령, 중앙인도양해령이 있는데, 모두 합하면 7만 킬로미터에 이르는 거대한 구조야. 지구 내부 물질이 땅 위로 올라오는 지구의 솔기인 셈이야.

해령은 폭이 1000~4000킬로미터로 상당히 넓어. 놀라지마, 해령이 지구 표면을 차지하는 면적은 무려 20퍼센트나돼. 모두 바닷속에 있어서 우리가 모를 뿐이지 지금 이 순간에도 손톱 자라는 속도로 새로운 땅이 생겨나고 있어. 손톱이얼마나 빨리 자라냐 하면 1년에 5센티미터 정도야. 물론 해령마다 지각이 생기는 속도는 달라. 평균이 그렇다는 거지.

해령에 비할 정도로 많지는 않지만 대륙에도 서로 멀어지는 판이 있어. 말 그대로 땅이 쩍 하고 갈라져. 대륙판 중간에어쩌다 반대방향으로 잡아당기는 인장력이 작동하면, 암권이벌어지고 아래에 있는 맨틀이 드러나. 이건 상처가 벌어져 진피가 드러나고 피가 나는 것과 비슷한 상황이지. 과학자들은이런 곳에 이름을 붙였어. 뭐라고 했게?

'대륙열개', 두둥!

열개란 찢겨져 벌어졌다는 뜻이야. 아주 정직한 이름이지?

대륙열개에서 생기는 일은 다음과 같아. 대륙판에 인장력이 가해져 반대방향으로 벌어지면, 마치 엿을 늘이는 것처럼암권이 얇아져. 동시에 그 아래에 있는 맨틀의 압력을 이기지못해 부풀어 올라. 이를 융기한다고 하지. 시간이 흐르면 암권은 더욱 얇아져. 양쪽으로 잡아당기는 힘과 아래에서 밀어올리는 힘을 함께 받으니까. 그러다 결국 암권은 끊어지고 말

아. 지각이 깨지는 거지.

지각이 깨지면 안정하다고 믿었던 대륙이 갑자기 나뉘면서 땅이 아래로 쑥 꺼져. 이렇게 생긴 계곡을 대륙열곡이라고 해. 그리고 벌어진 틈으로 마그마가 흘러나와 화산이 생기지. 바다의 발산경계에서 생기는 해령과 같은 거야. 대륙열개로 생긴 대표적인 대륙열곡으로는 동아프리카열곡대가 있어. 예전엔 동아프리카지구대라고도 불렀는데, 같은 곳을 이르는 말이야.

동아프리카열곡대는 케냐와 탄자니아에 걸쳐 있고, 동쪽으로는 빅토리아 호수, 서쪽으로는 탕가니카 호수 쪽으로 땅이 벌어지고 있어. 열곡대를 따라 수많은 호수가 있고 옆에는 반드시 화산이 있어. 화산에서 나오는 화산재와 마그마에서 녹아 나오는 물질 때문에 이 호수들은 대부분 염기성 호수야. 그것도 아주 강한 염기성을 띠고 있는 소금호수라, 소금을 걸러낼 수 있는 홍학 같은 동물만 살아남을 수 있지. 이곳은 대륙이 분열되고 있는 초기 상황을 너무나도 잘 보여 주고 있어.

아직은 아프리카가 한 덩어리의 대륙으로 남아 있지만 수천만 년이 지나면 아프리카의 동쪽은 열곡대를 따라 쪼개져 다른 대륙이 될 거야. 1억 년 후 인류의 후손들은 갈라진 대륙에 또 다른 이름을 붙여 주겠지. 아프리카에선 이미 이런 일이 벌어진 적이 있어. 아프리카판과 아라비아판이 벌어져 생긴 홍해가 동아프리카열곡대의 미래 모습이야. 좀 더 과거로 가 보면 대서양도 이런 과정으로 바다가 되었어. 2억 년 전에는 대서양이 없었어. 팡게아에 대륙열개가 생기고 그 사이로 바닷물이 들어오면서 대서양이 생겼으니까. 우리는 동아프리카열곡대의 미래 모습을 벌써 알고 있는 셈이야.

지각이 사라지는 곳

두 번째 판의 경계는 두 판이 서로 밀어붙여서 생기는 수렴경계야. 수렴경계에서 중요한 개념은 '섭입'이라는 현상이야. 두 판이 힘겨루기를 하다 한쪽이 다른 한쪽의 아래로 들어가 맨틀로 사라지는 과정을 이르는 말이야.

섭입이 왜 중요할까?

가만히 생각해 봐. 우리는 앞서서 해령과 열곡대에서 새로운 지각이 생기는 과정에 대해 이야기했어. 그런데 이상하지 않아? 땅이 자꾸 생겨나는데, 왜 지구는 더 커지지 않아? 답은 아주 간단해. 지각이 생기는 만큼 어디론가 사라지기 때문이야. 더하고 빼서 0이 되는 거지.

베게너가 대륙이동설을 주장하긴 했지만 왜 그런 현상이

생기는지 원인을 설명할 수 없어 조롱받고 있을 때, 한 무리의 과학자들이 이런 가설을 발표하기도 했어. 지구의 역사 초기엔 지구가 지금보다 작았지만 갑자기 커지면서 지각이 깨졌다고 말이야. 곤충이 더 큰 몸을 유지하기 위해 탈피하는 과정처럼. 하지만 이건 사실이 아니야. 운석으로 인해 지구의 무게가 1년에 4만 톤씩 무거워지는 건 사실이지만 지각이 깨질 정도로 지구가 확 커질 수는 없거든.

지각을 포함한 암권이 계속 생겨나도 현재 지구의 크기를 유지하기 위해선 반드시 섭입 과정을 통해 암권이 맨틀로 다시 돌아가야만 해. 그런 일이 벌어지는 곳이 바로 수렴경계야. 모인다는 뜻이지. 그래서 이곳을 소멸경계라고도 불러.

암권이 맨틀 속으로 섭입하는 부분을 섭입대라고 해. 섭입대에서 두 암권이 만나면 누가 맨틀로 돌아갈까? 간단해. 밀도가 큰 물질이 밀도가 작은 물질 아래로 가라앉아. 이 모습이 마치 파고드는 것처럼 보이는데, 무슨 의지가 있어서 파고드는 것은 아니야. 그냥 상대적으로 무거워서 가라앉는 거야.

해양암권은 대륙암권보다 밀도가 2퍼센트 정도 커. 그래서 태평양판과 유라시아판이 만나면 태평양판이 유라시아판 밑으로 파고들지. 유라시아판 암권 밑에는 연약권이 있는데, 해양암권의 밀도는 연약권보다도 높아. 그래서 더 들어가 맨틀

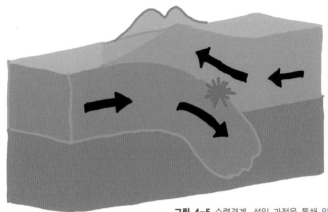

그림 4-5 수렴경계. 섭입 과정을 통해 암권이 맨틀로 다시 돌아가. 큰 마찰력 때문에 지진과 화산활동도 일어나지.

과 합류하는 거야.

지구 전체에 있는 섭입대에서는 단 하나의 예외 없이 오직 해양암권만이 섭입할 수 있어.

왜?

밀도가 크니까!

섭입 과정에는 큰 마찰력이 생겨나. 그래서 지진이 많이 일어나고 화산도 많아. 또 새로운 산맥이 생겨나기도 하지. 태평양판이 유라시아판을 파고들면서 만들어 낸 산맥이 일본열도야. 그래서 일본에 지진이 많고 화산도 많아.

화산은 왜 또 생기냐고? 그건 섭입대에서 마그마가 잘 생기기 때문이야. 해양암권이 대륙암권 아래로 내려가 연약권으로 가라앉으면 위에서 내리누르는 압력으로 암권에 포함되어 있던 물이 빠져나와. 자연히 맨틀에 물이 섞이겠지? 그러면 맨틀의 녹는점이 낮아져. 건조한 암석보다 물기를 품은 암석이 훨씬 잘 녹아. 그래서 섭입대에 있는 맨틀은 녹아서 마그마가 돼. 섭입대 근처에 화산이 생기는 이유가 바로 이거야. 마그마가 있는 곳에 화산이 있을 확률이 아주 크거든.

하지만 이렇게 생긴 마그마가 모두 지각을 뚫고 올라오지는 않아. 사실 대부분은 올라오다 힘이 빠져 지각 근처에서 굳고 말지. 안타깝지만 사실이야. 그 결과 지각은 더 두꺼워져. 예를 들어, 나스카판이 남아메리카판으로 섭입하면서 생겨난 마그마는 미처 지각을 뚫지 못하고 남아메리카판 밑에서 굳어. 이런 일이 오랜 시간 누적되어 생긴 것이 안데스산맥이야.

때로는 해양지각이 대륙지각A 아래로 들어가면서 대륙지각B를 향해 밀어붙이기도 해. 좋은 예가 바로 인도대륙과 아시아대륙의 충돌이야. 오스트레일리아 해양판이 인도판 밑으로 파고들면서 인도대륙을 떠받친 채 유아시아판 쪽으로 밀어붙였어. 5000만 년 전, 인도대륙은 밀리고 밀려서 유라시아판과 만나게 되었는데, 둘 다 밀도가 비슷해 그냥 박치기를 할 수밖에 없었어. 그래서 두 판 사이에 큰 산맥이 생겼어. 이것이 히말라야산맥이야. 그러니까 히말라야산맥은 태어난 지 1억 년도 안 된 아주 젊은 산맥이야. 이곳에선 해양지각 조각이 발견되기도 하는데, 그건 인도판 아래에 있던 해양판이 충돌과 함께 위로 올라온 것이지.

안데스산맥과 히말라야산맥은 모두 높은 산맥이지만 이처럼 생겨난 과정이 달라.

만약에 해양판과 해양판이 만나면 어떻게 될까? 여기도 역시 밀도가 비슷해서 힘겨루기를 하기 힘들어. 하지만 그래도 상대보다 조금이라도 밀도가 크면 밀도가 작은 것 아래로 가라앉아. 가라앉은 암권은 연약권을 지나 맨틀까지 가고 그곳에서 물이 빠지고 맨틀이 녹아 마그마가 돼. 여기서 중요한 건 이런 일이 얇은 해양판에서 일어난다는 점이야. 이런 경우 십중팔구 화산이 되는데, 이런 것을 해저화산이라고 해. 해저화산은 판의 경계를 따라 생긴다는 점을 잊지 마.

시간이 흐르면 해저화산이 점점 자라서 물 밖으로 나와. 그 모습을 멀리서 보면 마치 화산이 활처럼 늘어서 있는 것으로 보일 거야. 판의 경계를 따라 생긴 화산이니까. 그래서 이 화산들을 화산도호라고 해. 활 모양으로 배열된 화산이라는 뜻이지. 알류샨열도, 마리아나열도, 통가열도 등이 잘 알려진 화산도호야.

세 번째 경계인 변환단층경계는 줄여서 변환단층이라고 하는데, 두 판이 만났지만 서로 비껴 지나가면서 생성이나 소멸 없이 수평으로 미끄러지는 경우야.

가장 잘 알려진 변환단층으로 샌앤드레이어스 단층이 있어. 이 단층은 할리우드에서 제작한 영화 덕분에 유명해졌어. 물론 이 영화는 변환단층의 지질학적 사실에 대해 알려 주는 다큐멘터리 영화가 아니야. 변환단층은 자연재해의 원인으로 나왔을 뿐이고, 영화의 초점은 등장인물의 고난 극복에 맞춰져 있었지. 그럼에도 불구하고 이 영화 덕분에 전 세계 사람들이 샌앤드레이어스 변환단층에 대해 알게 되었어. 북서쪽으로 미끄러지는 태평양판에 캘리포니아반도와 로스앤젤레스가 놓여 있고, 남동쪽으로 미끄러지는 북아메리카판에 미국 대륙의 대부분이 있다는 사실, 그래서 시간이 지나면 캘리포니아반도와 로스앤젤레스가 떨어져 나가 섬이 된다는 사실을 말이야. 아마 로스앤젤레스는 6000만 년 후엔 알류샨열도와 만날 거야.

그림 4-6 변환단층경계. 두 판이 만나지만 서로 수평으로 미끄러져 지나가지.

　과학자들의 연구에 의하면, 대륙은 5억 년을 주기로 흩어졌다 모이기를 반복하는 것 같다고 해. 팡게아가 정확히 1억 8000만 년 전에 분열하기 시작했으니 3억 2000만 년 후에는 모든 대륙이 다시 모여 합체를 하겠지? 하지만 여기에는 여러 가지 가정과 조건이 필요해. 그중 가장 중요한 것은 지구 안에서 끊임없이 열이 생겨나야 한다는 점이야. 그 열이 맨틀 연약권을 움직이는 원동력이거든. 하지만 열은 언젠가는 식게 되어 있어. 연료를 소진한 엔진이 꺼지면 자동차가 갈 수 없는 것처럼 대륙의 움직임 또한 멈출 수밖에 없어. 모든 일에는 끝이 있기 마련이지.

판구조론의 증거

우리는 지금까지 과학자들이 잘 정리한 판구조론의 내용을 살펴보았어. 그런데 이런 사실을 어떻게 알아낸 걸까? 판은 겨우 1년에 5센티미터 남짓 움직여서 우리는 절대 느낄 수 없는데, 어떻게 증명했을까?

과학자들은 크게 세 가지 방법을 동원해 판이 움직인다는 사실을 증명했어.

첫 번째는 해양시추야. 해양시추란 해양지각을 원통형으로 파내서 깊이에 따라 어떤 물질이 있는지 파악하는 방법이야. 이건 아무 배나 타고 가서 할 수 없고 해양시추선을 타고 가야 해. 1969년부터 1983년까지 해양시추선 글로마챌린저호는 심해저의 나이를 파악하기 위해 태평양, 대서양 등 온 바다를 누비고 다녔어. 해저를 바둑판 모양으로 나누어 퇴적층과 그 아래에 있는 현무암질 암석까지 관통하는 수백 개의 시추공을 뚫고 시료를 채취했어.

자, 여기서 바다 밑바닥에 있는 암석의 층상 구조를 알아둘 필요가 있어. 바다 밑바닥을 이루는 해양지각은 해령에서 화산 폭발로 나온 용암이 굳어서 생겨난 현무암으로 이루어져 있어. 현무암층이 해령에서 양쪽으로 멀어져 가는 동안 퇴적

사진 4-2 심해저의 나이를 파악하기 위해 온 바다를 누비고 다닌 해양시추선 글로마챌린저호.
(출처: 위키미디어 커먼즈)

물이 쌓이고, 퇴적암이 생겨. 이 퇴적암 속에는 바다에서 살던 미생물과 산호, 조개껍데기, 육지에서 내려온 각종 부스러기 등이 포함되어 있어. 퇴적물은 시간이 지날수록 많이 쌓이기 때문에 퇴적암은 해령에서 멀어질수록 두꺼워져. 해양지각의 구조가 이렇기 때문에 해양지각을 제대로 연구하려면 위에 있는 퇴적암뿐 아니라 그 아래에 놓인 현무암도 함께 시추해야 해. 과학자들은 이렇게 얻은 시료 중 퇴적암층을 잘라 얇게 판을 만들거나 간 뒤 그 속에 들어 있는 미고생물을 이용해서 각 위치의 나이를 측정했어.

왜 현무암 속에 들어 있는 방사성동위원소를 사용하지 않고 미고생물을 사용했을까? 그건 다 이유가 있어. 바닷속에 있는 현무암은 바닷물 때문에 변질되어 방사성동위원소를 이용했을 때 신뢰성이 떨어질 수 있다고 본 거야. 그 대신 퇴적물과 함께 쌓여서 퇴적암이 된 화석이 더 믿을 만하다고 여긴 거지.

바다 밑을 파는 고된 탐사 끝에 알아낸 사실은 아주 간단했어. 해령에서 멀어질수록 퇴적층의 나이가 증가했어. 해령에서 생긴 해양지각이 양쪽으로 벌어진다는 사실을 해양시추가 증명해 준 것이지. 아울러 바다 밑이 넓어지고 있다는 해저확장의 증거도 되고 말이야. 해령에서 멀어질수록 퇴적층이 두꺼워진다는 것도 해저확장의 증거야. 당연하지. 해령에서 태어난 해양지각에는 퇴적물이 쌓일 시간이 없지만, 해령에서 멀어질수록 태어난 지 오래된 땅이니 그 위에 퇴적물이 점점 많이 쌓일 것 아니야? 과학자들은 퇴적암의 나이를 조사하면서 아주 흥미로운 사실도 하나 알아냈어. 그 어떤 곳도 1억 8000만 년보다 오래된 해양지각은 없다는 사실이야. 육지에는 40억 년이 된 땅도 있는데, 바닷속에 있는 땅은 하나같이 어렸어.

두 번째 증거는 맨틀상승류와 열점이야.

맨틀상승류란 맨틀과 암권을 관통해서 마그마가 상승하고 있는 곳인데, 이곳은 절대 움직이지 않아. 가장 대표적인 곳이 태평양 한가운데 있어. 맨틀에서 생긴 마그마가 암권을 뚫고 올라오면 바닷물을 만나서 용암이 되면서 굳어. 이렇게 해저화산이 생기는데, 맨틀상승류가 암권 바깥에서 만나는 점을 열점이라고 해.

시간이 흐르면 열점이었던 해저화산이 바다 위로 머리를 내밀고 섬이 돼. 여기가 바로 하와이야. 하와이를 잘 살펴보면 129개의 섬이 북쪽으로 늘어서 있는 것을 볼 수 있어. 물 밖으로 드러난 현무암의 방사성동위원소로 나이를 측정하면 북쪽에 있는 섬일수록 나이가 많아. 현재 가장 남쪽에 있으면서 활화산이 있는 빅아일랜드의 나이가 가장 어리고 말이야. 이 섬은 생긴 지 100만 년 정도 되었어. 반면 가장 북쪽에 있는 섬은 8000만 년 전에 생겨났어. 나이 차가 많이 나지?

열점은 그 뿌리가 맨틀 깊은 곳에 있어서 움직이지 않지만, 태평양판은 서서히 북서쪽으로 움직여. 그 결과 화산섬이 생기면 판과 함께 북쪽으로 옮겨 가. 화산이 북쪽으로 옮아가면 열점이 있는 곳에 새 화산이 생겨. 실제로 빅아일랜드의 남쪽 바다 밑에는 해저화산 하나가 하루가 다르게 자라고 있어. 5

고양이를 소개할게.
해양시추, 핫스팟, 화석자기.
이름이 정말 판구조론적이지?

그림 4-7 판구조론의 세 가지 증거.

만 년 후에는 바다 위로 올라올 것이라고 하는데, 그때쯤이면
지금 용암을 내뿜는 킬라우에아는 꺼질 거야. 북쪽에 있는 다
른 화산들처럼.

세 번째 증거는 '화석자기'라고도 부르는 '고자기'야.

지구는 커다란 자석과 같아. 우리 눈엔 지구의 자기장이 보

이지 않지만, 수많은 생물들은 자기장을 느끼고 보면서 대이동을 하고, 태양에서 날아오는 고에너지 입자를 막아 주기도 하고, 북극과 남극에서 오로라를 볼 수 있는 것도 다 지구의 자기장 덕분이야. 나침반으로 북쪽과 남쪽을 찾을 수 있는 것도 지구에 자기장이 있어서야. 과학자들은 바닷속 현무암에 지구의 자기장이 기록되어 있다는 놀라운 사실을 알아냈어. 현무암 속 철이 자석처럼 같은 방향으로 놓여 있었던 거지. 이게 어찌 된 일인지 알려 줄게.

용암은 1000도가 넘을 정도로 뜨거워. 이렇게 뜨거우면 자철석은 자력을 잃고 말아. 그러나 점차 식어서 585도에 이르면 자력을 다시 되찾아. 마법사가 잃었던 마법을 되찾는 것과 비슷해. 만약 자석을 달구어 585도 이상으로 만들면 자력을 잃어. 이 마법의 온도를 '큐리 온도'라고 해.

해저화산에서 막 나온 용암 속 철은 자력을 잃은 상태지만, 식어서 큐리 온도가 되면 자성을 되찾으면서 당시 지구자기장에 따라 정렬해. 그리고 그 상태로 현무암이 되어 버리는 거야. 이런, 마법을 찾아서 뭔가 좀 해 보려는데 지각이 되어 버렸네. 중요한 점은, 이렇게 식으면 다시 맨틀로 돌아갈 때까지 고정된 자기장의 방향을 그대로 가지고 있다는 거지. 그래서 이것을 '화석자기' 또는 옛 고 자를 써서 '고자기'라고 해.

화석자기를 조사하던 과학자들은, 같은 지질시대라도 대륙마다 지자극의 방향이 모두 다르다는 점을 발견했어. 자기북극과 자기남극의 위치가 제각각이었다는 말이야. 이건 말이 되지 않아. 왜냐하면 같은 시대에 자기북극이 여러 개 있을 수는 없으니까. 그러니까 각 대륙의 지자극도 동시대라면 같은 방향으로 정렬해 있어야 해. 하지만 대륙이 제각기 움직여 지금의 위치로 왔다면 이야기는 달라지지. 당시에는 정직하게 자기북극과 자기남극 방향으로 정렬했어도 그 사이 대륙이 움직였다면, 오늘날 우리가 보고 있는 화석화된 자기극의 방향은 모두 다를 수밖에 없어.

지자기와 관련된 또 하나의 증거는 자기역전 현상이야. 아, 이게 무슨 말이냐 하면, 자기북극과 자기남극이 휙 바뀐다는 거야, 수십만 년을 주기로. 왜 그러냐고? 미안하지만 그건 몰라. 하지만 진짜 그런 일이 있어. 과학자들은 배 후미에 자력계를 매달아 온 바다를 끌고 다니면서 바다 밑 자력의 세기를 측정했어. 그런 일을 왜 하나 싶지만, 과학자들은 정말 이상한 일을 많이 해. 하지만 뭐라 그럴 수는 없어. 나중에 우리에게 다 도움이 되거든. 배에 매달고 다닌 자력계가 측정한 기록은 정말 놀라웠어. 해령을 중심으로 지자기가 역전되는 현상과 주기까지 다 알아볼 수 있었으니까 말이야. 현재와 같은 방향으로 자화되는 것을 정자화, 반대로 자화되는 것을 역자화라고 하는데, 과학자들은 해양저 지도에 정자화된 곳과 역자화된 곳의 색을 다르게 칠해 보았어. 그랬더니 해령을 중심으로 데칼코마니 같은 줄무늬가 나타났어. 이건 뭐, 해저확장을 증명하는 너무나 확실한 증거였지. 나아가 줄무늬의 폭 길이를 재고 양 끝의 시간을 측정하면 얼마나 빨리 판이 이동했는지도 알 수 있었어.

지구의 빅 픽처가 정말 놀랍지 않아? 이걸 알아낸 인간도

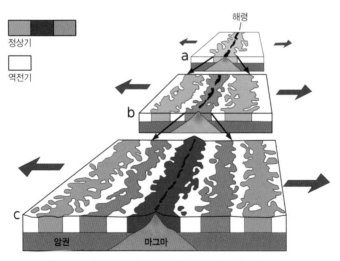

그림 4-8 판구조론의 세 번째 증거인 고자기. (출처: USGS; 위키미디어 커먼즈)

놀랍고 말이야. 요즘은 인공위성 4개를 이용해 GPS를 측정하면 판이 얼마나 움직이는지 수 밀리미터 단위로 알아낼 수도 있어. 그러니까 땅은 정말 움직여. 그나저나 베게너가 이걸 봤어야 하는데 말이야.

맨틀 대류가 원인이라니

자, 이제 아주 중요한 이야기 하나만 더 할게. 가장 근본적인 질문이라고나 할까.

무엇이 판을 움직이는 걸까? 그러니까, 판은 왜 움직이게 된 것일까? 아니면, 판은 왜 움직일 수밖에 없을까?

뭐, 답은 하나니까 상관없어. 판이 움직이는 이유는 판 아래에 있는 맨틀이 움직이기 때문이고, 맨틀이 움직이는 이유는 지구의 깊은 곳에서 열이 발생하기 때문이야. 과학자들은 이걸 줄여서 '맨틀 대류가 원인'이라고 해.

그럼 우리는 또 궁금해져. 맨틀은 어떻게 대류를 하는 걸까? 유동성 있는 암석이란 도대체 어떤 모습일까? 사실 과학자들도 똑 부러지게 말하지 못해. 왜냐하면 모르니까! 아무도 맨틀을 본 적이 없거든. 맨틀이 어떻게 대류하는지 정확하게 아는 사람은 아무도 없어. 그래서 과학자들은 '맨틀 대류 모델'이라는 것을 만들었는데, 현재 두 가지 모델이 주목을 받고 있어.

첫 번째 모델은 맨틀 전체가 대류에 참여한다는 '전체 맨틀 대류 모델'이야. 이것 역시 이름이 참 정직하지? 암권 아래에서 2900킬로미터에 이르는 맨틀 전체가 대류에 참여한다는 뜻이야. 물질이 대류를 하는 목적은 넘치는 에너지를 부족한 곳에 옮겨 주기 위해서야. 맨틀의 경우 깊은 곳에 있을수록 에너지를 많이 가지고 있기 때문에 열이 부족한 상층으로 옮겨 가려고 해. 이건 끓는 물과 비슷해. 냄비에 물을 붓고 아래에서 열을 가하면 아래에 있는 물이 먼저 데워지고 열이 부족한 위쪽으로 옮아가지? 그거랑 비슷한 거야.

두 번째 모델은 '층상 대류 모델'인데, 지구 부피의 82퍼센트에 이르는 맨틀 전체가 대류에 참여하는 것이 아니라 암권 아래 1000킬로미터에 이르는 부분만 대류에 참여한다고 보고 있어. 해양암권이 1000킬로미터 이상 섭입하지 못하는 것을 보고 이 모델을 생각해 냈다고 해. 그 아래에 있는 맨틀은 가만히 있는 것이 아니라 비교적 느린 대류를 한다는 것이 이 모델의 특징이야. 그러니까 맨틀이 크게 두 층으로 나뉘어 각자 다른 속도로 대류하고 있다는 거지.

이렇게 두 가지 모델을 정했으니 과학자들은 두 모델 중 어

그림 4-9 지구도 언젠가는 식어 화성처럼 변할 거야.

느 것이 사실에 가까운지 알아내기 위해 다양한 탐사 방법을 생각해 낼 거야. 연구를 하다 보면 이 각각의 모델로는 불충분하다는 생각을 할 수도 있어. 그러면 두 가지를 합해 새로운 가설이 나올 수도 있지. 그것이 과학자들이 하는 일이야.

　맨틀이 어떻게 대류하는지 정확히 알면 판구조론은 더욱 완벽한 이론이 될 거야. 어쩌면 이 책을 보고 있는 사람 중에 완벽한 이론을 만들 사람이 나올지도 몰라. 확실한 사실 하나는, 지구도 언젠가는 식는다는 사실이야. 그러면 맨틀도 대류하지 않고 그 위에 얹힌 판도 움직이지 않아. 화산도 더 이상 폭발하지 않고 지진도 일어나지 않아. 외핵이 식으면 지구의 자기장도 사라져. 그러면 태양에서 온 고에너지 입자 폭격을 그대로 맞을 수밖에 없어. 결국 지구는 화성처럼 변할 거야. 할리우드에서 만든 또 다른 영화의 제목처럼 지구가 멈추는 거지. 걱정하지 마. 아주 오랜 시간이 흐른 후에 생길 일이니까.

5.
암석과 광물 -
돌고 도는
돌의 일생

암석의 순환

지구의 거죽은 20여 개로 조각난 단단한 판으로 싸여 있어.
판의 가장 윗부분은 지각이야.

지각은 암석으로 구성되어 있어.

암석은 광물로 이루어져 있지.

음, 이러니까 원숭이와 바나나 노래를 하는 것 같다, 그치?

광물은 맨눈으로 볼 수 있는 큰 것부터 현미경으로 보아야
구분할 수 있는 작은 것까지 종류와 크기가 다양해. 광물의
크기를 결정하는 것은 시간이야. 큰 광물일수록 결정이 많이
모인 것이고, 그러려면 시간이 오래 걸려. 광물에게나 사람에
게나 크려면 시간이 필요하지. 광물은 화합물일 수도 있고 단
일 물질일 수도 있어. 예를 들어, 수정은 규소와 산소의 화합
물인 이산화규소가 규칙적으로 결정을 이루어 생겨난 광물이
고, 커다란 운석의 중심부에서 볼 수 있는 철 덩어리는 철 원
소로만 이루어진 광물이야.

광물의 크기와 모양, 광물끼리의 배열 등을 잘 관찰하면 암
석의 일생을 알 수 있어. 사람 얼굴에 그 사람의 인생이 있다
고들 하잖아? 그것하고 똑같아. 암석은 어느 것이나 그냥 생
기지 않았어. 오랜 시간 동안 열과 압력을 받고 화학적 변화

를 겪으며 오늘과 같은 모습이 돼. 이렇게 암석이 열, 압력, 화학적 변화를 겪는 것을 지질작용이라고 하는데, 여기서 한 마디로는 다 표현할 수 없는 다양한 사건들이 있어. 이 세상 모든 암석은 지질작용의 결과에 따라 크게 화성암, 퇴적암, 변성암으로 나눌 수 있어.

순환이라는 말 알고 있지? 생명의 순환, 물의 순환, 자연의 순환 등 돌고 돌아 제자리로 돌아오는 것을 순환이라고 해. 사람들은 생명이 있는 것만 순환한다고 생각할지 모르지만, 암석도 순환을 해. 이건 당연한 거야. 암석도 자연의 일부니까. 다만 암석의 순환은 지구 내부까지 들어가는 아주 큰 규모의 순환이야. 과정 전체를 눈으로 볼 수 없기 때문에 상상하기 힘들 수도 있지만 암석이 순환한다는 사실을 한 번만 이해하면 우리 눈이 아주 넓어져. 땅과 공기뿐 아니라 땅속까지 인식하며 살게 되니까 말이야. 암석의 순환은 그리 간단하지 않지만 가장 기본적인 것 하나를 이야기해 줄게. 뭐든 기본을 잘 알면 나머지는 조금씩 응용하면 되니까.

암석의 기본 순환은 지각 밑에 있는 맨틀에서 시작해. 맨틀이 용융되어 녹은 것을 마그마라고 하는데, 마그마는 아주 뜨거운 액체로 산소, 규소, 마그네슘, 알루미늄, 철, 칼륨, 나트륨, 칼슘 등 다양한 성분이 그 안에 녹아 있어. 뜨거운 마그마는 지각의 약한 부분을 찾아 점차 위로 올라와. 지각에 가까이 오면 온도가 낮아지고, 온도가 낮아지면 결정이 생겨. 결정이 생기는 것은 마그마에 녹아 있던 화합물이 자신의 모습을 찾는 과정이야. 이제 마그마는 상황에 따라 다양한 경로로 암석이 되는데, 지각의 중간 어디쯤에 고인 채 식어서 거대한 화강암이 되기도 하고, 지각의 얇은 곳을 뚫고 터져 나와 화산이 되기도 해.

땅속에서 굳은 화강암은 지표가 풍화·침식으로 깎이면서 모습을 드러내기도 하고, 화산으로 터져 나온 마그마는 가스를 모두 내뿜고 용암이 되어 흐르다 식어서 화산암이 돼. 암석의 이름에 불 화(火) 자가 들어간 것은 마그마가 식어서 생겨난 암석이라는 뜻이야. 땅속에서 식은 것은 화강암, 화산으로 나와 식은 것은 화산암이라 하고, 이 둘을 합해서 화성암이라고 해. 불로 만들어진 돌이라는 뜻이야.

화성암이 지표로 나와 공기와 물을 만나면 이제부터는 깎여서 잘게 쪼개지는 것 말고는 달리 할 수 있는 일이 없어. 이를 풍화·침식이라고 해. 풍화·침식을 당해 쪼개지고 갈린 암석은 중력의 영향으로 비탈진 사면을 따라 아래로 아래로 내려가. 이때 혼자서 여행하기도 하지만 흐르는 물, 빙하, 바람, 파도와 함께 다니기도 해. 재미있겠지?

여행은 더 이상 내려갈 곳이 없을 만큼 내려갔을 때 끝나.
물과 함께 간 암석 가루는 주로 바다 밑바닥, 강어귀의 삼각

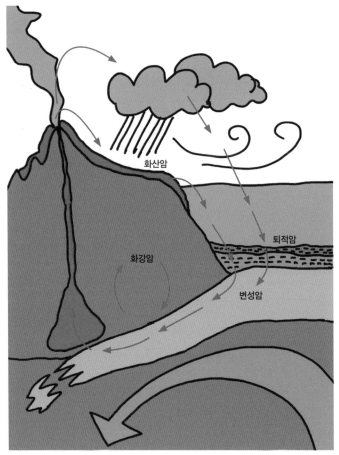

그림 5-1 마그마에서 시작해 마그마에서 끝나는 화성암의 여행. 어때, 땅에서 태어나 땅으로 돌아가는 생명체의 일생과 다를 바가 없지?

주 같은 범람원에 쌓이고, 바람과 함께 떠난 가루는 사막의 분지, 늪지, 사구 등에 쌓이지. 이렇게 여행이 끝났을 때 돌가루는 퇴적물이라는 이름을 얻어. 말 그대로 쌓인 물질이라는 뜻이야.

퇴적물이 쌓이고 쌓이면 가장 저 아래에 놓인 퇴적물은 위에 있는 퇴적물이 누르는 압력 때문에 눌려서 굳어. 또 가루 사이의 작은 틈으로 물이 들어오기도 하는데, 물에 녹아서 들어온 물질이 퇴적물 사이에 자리를 잡고 틈을 메우기도 해. 이렇게 해서 생긴 암석이 퇴적암이야. 화성암으로 태어나 퇴적암으로 환생한다고나 할까. 중요한 점은 다시 돌이 된다는 거야. 그런데, 여기서 끝이 아니야.

퇴적암이 되면 다시 땅속으로 들어가. 왜냐하면 위에 새로운 퇴적물이 자꾸 쌓여 지층이 더욱 두껍고 무거워지니 달리 어디로 갈 수가 없는 거야. 이렇게 지하 깊은 곳에 매몰된 퇴적암은 고온 고압 상태가 되어 모습이 변해. 퇴적암을 이루고 있던 원소들이 열과 압력을 받아 새로 결합을 하는 거지. 이것이 변성암이야. 지금은 퇴적암이 변성암으로 변하는 것을 이야기했지만 화성암도 땅속 깊숙이 들어가면 변성암이 될 수 있어. 하지만 변성암은 곧바로 퇴적암이나 화성암이 될 수 없어. 변성암이 모습을 바꾸고 싶다면 방법은 오직 하나, 더 깊은 곳으로 들어가야 해. 변성암이 맨틀 근처까지 가서 마그마를 만나면 다시 녹을 수 있어. 암석이 다시 고향으로 돌아온 거야. 따뜻하다 못해 뜨거운 고향으로.

이렇게 마그마에서 시작해 마그마로 끝나는 것이 암석의 기본 순환이야. 이 순환을 한 번 완성하려면 수백만 년 또는 수억 년이 걸릴 수도 있어. 아직 끝나지 않은 순환이 있을 수도 있어. 정말 긴 시간이 필요한 일이야. 그래서 우리는 돌이 변하지 않는다고 생각해. 길어야 100년 사는 인간이 이런 긴 시간의 변화를 알아챌 수 있을까?

암석과 광물의 쓰임

암석은 매우 중요해. 왜냐하면 우리가 유용하게 쓰고 있는 물건의 재료 중 상당 부분을 암석에서 얻기 때문이야. 더 정확히 말하면 암석을 이루는 광물로부터 얻어. 예를 들어 기원전 3700년 이집트에서는 금, 은, 구리를 채굴했어. 기원전 2200년에는 땅을 파서 얻은 구리와 주석을 섞어 청동을 발명하고 이것을 바탕으로 새로운 문명이 싹텄지. 이때가 청동기 시대야. 기원전 800년에는 철광에서 순수한 철을 뽑아내는 방법을 찾아내 철기시대가 열렸어. 주변을 잘 살펴봐. 기차,

철로, 자동차, 건축의 기초에 모두 철을 사용하고 있어. 인간은 아직 철을 대체할 만한 금속을 찾지 못했어. 우리는 아직도 철기시대에 살고 있는 셈이야. 손에서 놓을 수 없는 스마트폰을 만들 때 꼭 필요한 반도체 장치는 어때? 반도체의 주재료는 석영을 처리해서 얻어.

광물의 정의는 '규칙적인 결정구조와 일정한 화학성분을 가지며, 자연적으로 산출되는 무기적 고체'야. 아이고, 무슨 말인지 하나도 모르겠지? 과학자들이 하는 말이 다 그렇지 뭐. 이게 무슨 말인지 알아볼까.

광물은 자연에서 나온 것이라야 해. 땅속에서 지질과정을 통해 생겨나야 한다는 말이지. 그래서 땅속에서 캐낸 다이아몬드는 광물이지만 인간이 만든 인조 다이아몬드는 광물이 아니야. 아무리 땅속에서 나온 것과 똑같다 하더라도 말이야.

광물은 무기질이어야 해. 무기질과 유기질의 차이는 생명체와 관련이 있어. 바닷물을 증발시켜 얻은 소금은 무기질이야. 반면 사탕수수를 짜서 증발시켜 얻은 설탕은 유기질이야. 생물이 만들었으니까. 마찬가지로 조개껍질이나 산호도 생물이 만들었기 때문에 유기질이야. 그래서 설탕, 조개껍질, 산호는 광물이 아니야. 하지만 이것들이 퇴적물과 함께 지질작용을 거쳐 암석의 일부가 되면 광물이라고 부르기도 해.

그림 5-2 물이 얼었을 뿐인데, 얼음은 광물이라니.

광물은 반드시 고체여야 해. 돌은 대부분 단단하니까 이건 이해가 쉽지? 신기한 것 하나 알려 줄게. 꽁꽁 언 얼음은 광물이야. 하지만 물과 수증기는 광물이 아니야. 예외가 하나 있는데, 실온에서 액체인 수은은 그냥 광물로 쳐.

광물은 규칙적인 결정구조를 가지고 있어야 해. 소금은 염화나트륨이 규칙적으로 쌓여 정육면체 모양의 결정을 만들어. 물도 고체 상태에선 물분자가 규칙적으로 배열되어 있어. 당연히 모두 광물이야. 하지만 옛날부터 돌칼로 써 오던 흑요석이라는 암석이 있는데, 이건 광물이 아니야. 왜냐하면 흑요석은 유리처럼 결정에 규칙이 없고 간혹 다른 물질이 끼어 있거든.

이제 마지막이야. 광물은 일정한 화학성분이 있어야 해. 염화나트륨이나 규산염처럼 말이야.

자, 광물의 다섯 가지 특징을 잘 알겠지? 앞서 말했던 흑요석같이 광물인 것 같지만 아닌 것들을 유사광물이라고 해. 광물에 끼워 주긴 뭣하지만 그렇다고 무시할 수는 없는 존재라고나 할까.

이제 암석을 제대로 정의해 볼게.

암석은 앞서 설명한 광물과 유사광물의 집합체야. 예를 들어 화성암의 대표적인 암석인 화강암은 검은색, 흰색, 분홍색 광물들이 점점이 박혀 있는 것을 볼 수 있어. 검은색 광물은 각섬석, 흰색 광물은 석영, 분홍색 광물은 장석이야. 또 흑요석은 광물은 아니지만 유사광물이면서 암석이야.

암석의 정의는 광물보다 훨씬 느슨해. 그럴 수밖에 없는 것이, 지구를 이루는 이 많은 암석들을 인간의 지식으로 모두 분류할 수는 없기 때문이야. 예를 들어 고생대에 살던 식물들이 땅속에 묻혀 만들어 낸 석탄은 유기질이 섞여 있지만 광물로 분류해. 그 많은 석탄을 광물이 아니라고 하면 뭐라고 해야겠어?

아무리 연구를 해도 모르는 것이 자꾸 나오고 의문이 자꾸 생겨. 그래서 암석에 대한 정의는 범위가 좀 넓어. 암석은 지구상에 있는 단단한 것은 무엇이든 넣을 수 있는 커다란 주머니 같은 단어야.

광물의 특성

눈치 빠른 사람이라면 이렇게 물을 거야.

"그럼 광물은 무엇으로 이루어졌나요?"

아유, 이렇게 똑똑한 사람을 보았나! 대답을 안 하고 넘어갈 수가 없잖아?

광물은 원소들로 이루어져 있어. 우주의 모든 물질을 쪼개면 원자로 나눌 수 있어. 원자는 양성자와 중성자로 이루어진 핵과 그 주변에 머무는 전자로 이루어져 있는데, 양성자·중성자·전자는 원자를 이루는 기본 물질이야. 양성자 하나와 전자 하나가 결합하면 수소 원자, 양성자와 중성자가 각각 두 개씩 또 전자 두 개가 결합하면 헬륨 원자가 되는 거야. 양성자의 개수에 따라 각기 다른 이름의 원자가 되는 거지.

그럼 원소는 뭘까? 원소는 같은 원자들의 무리를 이르는 말이야. 그러니까, 입자 하나의 특성을 설명할 때는 원자라는 말을 쓰고, 우주의 주성분인 수소에 대해서 이야기할 때는 원소라는 말을 써.

광물을 이루는 원자는 자연적으로 생겨난 것이라야 해. 실험실에서 만든 원자는 광물의 구성성분이 될 수 없어. 이건 광물의 정의하고도 연결되어 있어. 광물의 정의 중 자연에서 생겨나야 광물로 부른다는 항목을 기억하고 있지?

광물은 금, 황, 구리, 다이아몬드처럼 한 가지 원소로 이루어진 것도 있고, 두 가지 또는 두 가지 이상의 원소로 이루어진 것도 있어. 예를 들어, 석영은 규소 하나와 산소 두 개로 이루어져 있고(SiO_2), 암염은 나트륨 하나와 염소 하나($NaCl$), 방해석은 칼슘 하나, 탄소 하나, 산소 세 개로 이루어져 있어 ($CaCO_3$).

광물은 모두 일정한 결정구조와 화학성분을 가지고 있어서 독특한 물리적, 화학적 특성이 있어. 광물의 특성을 구분하는 첫 번째 방법은 **겉보기**를 살피는 거야. 지질학자들은 광택, 투명성, 색, 조흔색, 결정의 형태를 중요하게 생각해. 광물을 많이 보고 잘 훈련된 지질학자들은 암석을 그냥 보기만 해도 구성 광물이 무엇인지 얼추 맞출 수 있어. 물론 틀리기도 하지만.

광택은 광물을 구분하는 좋은 지표가 될 수 있어. 광물 표면에 빛이 반사되거나 비치는 모습에서 금속성 광택과 비금속성 광택으로 나눌 수 있는데, 금속성 광택을 지닌 것은 당연히 납이나 철처럼 금속 광물이 있는 경우이고, 비금속성 광택은 유리광택, 흙광택, 진주광택, 비단광택, 지방광택 등 다양한 물성을 가리키는 말이야. 물론 무광을 포함해서.

광물의 **투명성** 역시 유용해. 광물마다 투명·반투명·불투명 등 특성이 잘 알려져 있고 색도 알려진 것이 많거든. 하지만 지구상에 워낙 광물이 많고 아직 알려지지 않은 것이 속속 밝혀지고 있기 때문에 광택·투명성·색만으로 광물을 정확하게 구분할 수는 없어. 잘 알려진 것들을 제외하곤 말이야.

그에 비하면 조흔색과 결정 형태는 더욱 믿을 만한 광물 구분 방법이야. **조흔색**은 광물을 가루로 내었을 때 나타나는 색을 이르는 말이야. 유약을 바르지 않은 자기판을 조흔판이라고 부르는데, 여기에 광물을 긁으면 조흔판에 가루가 남아. 그 가루의 색을 보고 광물을 구분하는 거야. 금속성 광물은 짙고 어두운색이고 비금속성 광물은 밝은색이야. 그런데 석영은 이 방법을 쓸 수 없어. 조흔판보다 단단해서 아무리 긁어도 가루가 나오지 않기 때문이지.

'정벽'이라고도 하는 **결정 형태**는 가장 확실한 광물 구분 방법이야. 광물마다 3차원으로 고르게 결정이 자라나는 것이 있는가 하면, 한쪽 방향으로만 자라는 것도 있고, 납작하게만 자라는 것도 있어. 예를 들어 형석은 주사위 같은 정육면체로 자라고, 자철석은 팔면체, 석류석은 십이면체로 자라. 아무런 방해가 없으면 말이지. 만약 주변에 성장을 방해하는 다른 광물이 있으면 가능한 한 자리를 확보하면서 자신의 모습을 지키려고 애를 쓰지. 정말 훌륭한 자세 아니야?

결정의 형태는 이것 말고도 여러 가지가 있어. 장조림처럼 섬유가 찢어지는 섬유상, 나무젓가락처럼 한쪽으로 길게 자라는 도변상, 둥글게 공 모양으로 자라는 호상, 넓고 납작하게 자라는 판상, 포도처럼 자라는 포도상 등 다양한 형태가 있어. 광물도 제각기 개성이 있는데 인간은 당연히 서로 달라야겠지?

광물의 단단함, 깨지는 정도, 변형되는 정도 역시 광물을 구분하는 좋은 기준이 될 수 있어. 가장 많이 알려진 방법은 **모스경도계**로, 광물의 경도를 1부터 10단계로 정해 놓고, 경도를 아는 광물에 모르는 광물을 긁어서 상대적 경도를 측정하는 거야. 가장 약한 1단계부터 말해 보면 활석, 석고, 방해석, 형석, 인회석, 정장석, 석영, 형옥, 강옥, 가장 마지막 10단계는 다이아몬드야. 여기서 중요한 것은 석고는 앞 단계에

표 5-1 모스경도계로 비교한 광물의 경도

단계 (경도)	1 (무름)									10 (단단함)
광물	활석	석고	방해석	형석	인회석	정장석	석영	형옥	강옥	다이아 몬드

있는 활석보다 두 배 강한 건 아니라는 점이야. 단단한 정도
는 아주 조금씩 차이가 나다가 10단계인 다이아몬드는 9단
계인 강옥보다 4배나 단단해. 손톱은 2.5, 못은 4.5, 유리는
5.5, 조흔판은 6.5야. 조흔판은 정장석보다 단단하지만 석영
보다는 물러. 모스경도계는 상대적 비교라는 것을 잊지 마.

　광물의 **점착성** 또한 중요한 특성 중 하나야. 점착성이란 광
물에 힘이 주어졌을 때 변형에 대한 저항성을 뜻해. 석영, 암
염 같은 비금속광물은 부서지기 쉬워. 끝까지 저항하다, 나는
그냥 부서진다고 외치면서 빠직하고 깨지는 거지. 금, 구리
같은 자연 금속은 전성이 있는데, 전성이란 두들겨서 다른 형
태로 만들 수 있다는 뜻이야. 사용자가 원하는 모습으로 자연
스럽게 바뀌는 거지.

　석고, 활석 같은 광물은 얇게 자를 수 있는데, 이를 **가절성**
이라고 해. 그래서 다양한 용도로 쓸 수 있어. 운모는 얇게 쪼
개지는 성질이 있고 탄성이 좋아서 휘었다가 다시 제 모습을

표 5-2 광물의 비중 비교

광물	비중(물의 밀도와 비교한 광물의 밀도)
석영	2.65
자철석	5.3
방연석	7.5
금	20

찾는 능력이 있어.

지질학자들은 광물의 밀도를 물의 밀도와 비교한 **비중**이라는 단위를 쓰는데, 석영은 2.65야. 이 말은 석영과 같은 부피의 물 무게를 비교했을 때 석영의 무게가 2.65배 더 무겁다는 뜻이야. 비중을 쓰는 이유는 단위가 없어서 부르기 편해서야. 주로 금속성 광물이 비중이 큰데, 자철석은 5.3, 납이 포함된 방연석은 7.5, 금은 무려 20이야.

그 밖에 광물을 알아볼 수 있는 방법은 암염은 맛을 보면 짠맛이 나고, 활석은 비누 같은 촉감이 있고, 흑연은 기름기가 도는 검은색이고, 유황에서는 계란 썩는 냄새가 나. 자철석은 자성이 있어서 클립이 붙고, 탄산염광물은 염산을 떨어트리면 거품이 나. 암석의 특징이 이렇게 각양각색이라니 정말 놀랍지? 굴러다니는 돌은 그냥 돌이 아니고 개성만점 존재들이야.

지구상에는 4000여 종의 광물이 있고, 아직도 새로운 광물이 자꾸 나타나서 과학자들은 목록을 새로 업데이트해야만 해. 그러니 암석과 광물의 이름을 다 외울 수 없는 것이 당연해.

광물의 종류

암석을 이루는 주요 광물을 조암광물이라고 해. 조암광물은 대륙지각 질량의 98퍼센트를 차지하고 있어서 지구를 대표하는 광물이라고 볼 수 있어. 만약 외계인이 지구의 지각에 대해 연구하겠다고 마음먹었다면 조암광물을 공부하는 것은 기본 중의 기본이라 할 수 있다는 거지. 물론 지구인도 마찬가지고.

우선 놀라운 사실 하나는, 조암광물을 이루는 원소는 오직 8개뿐이라는 사실이야. 가장 많은 것부터 나열해 보면 산소, 규소, 알루미늄, 철, 칼슘, 나트륨, 칼륨, 마그네슘 순이야.

지각의 구성성분 중 가장 많은 양의 원소인 산소는 지각 질량의 46.6퍼센트를, 규소는 27.7퍼센트를 차지하고 있어서 조암광물을 이루는 나머지 원소 6개와 기타 모든 원소를 다 합해도 산소와 규소를 합한 질량을 따라올 수 없어. 그러니 산소와 규소가 결합해서 만든 규산염광물에 대해 아는 것이

그림 5-3 광물을 이루는 8가지 원소.

중요해.

규산염광물은 규산염사면체를 가지고 있는 광물이야. 규산염사면체란 덩치가 작은 규소 하나를 상대적으로 덩치가 큰 산소 네 개가 둘러싼 채 결합한 분자(SiO_4)를 말하는데, 피라미드를 닮은 사면체 모양이야.

오직 규산염만으로 이루어진 광물이 석영이야. 석영은 순수 규산염광물로 실리카라고도 불리는데, 결합이 매우 단단해서 강한 힘을 가하면 조개껍질 모양으로 깨져. 결정이 성장할 때 방해요소가 없으면 끝이 피라미드 모양으로 자라. 멕시코의 치와와주에 있는 나이카 광산에는 길이가 10미터에 이

표 5-3 규산염광물의 종류와 특징

광물	화학식	규산염 구조	색
감람석	(Mg, Fe)₂SiO₄	독립사면체 ▲ ▼ ▲	초록색
휘석	(Mg, Fe)SiO₃	단일사슬 ∧∧∧∧	어두운색
각섬석	Ca₂(Mg, Fe)₅Si₈O₂₂(OH)₂	이중사슬	어두운색
흑운모	K(Mg, Fe)₃AlSi₃O₁₀(OH)₂	층상	어두운색
백운모	KAl₂(AlSi₃O₁₀)(OH)₂		밝은색
칼륨장석(정장석)	KAlSi₃O₈		밝은색
사장석	(Ca, Na)AlSi₃O₈	3차원망상	밝은색
석영	SiO₂		무색

르는 거대한 석영이 자라고 있는 크리스탈 동굴이 있어. 이 석영들은 50만 년 동안 방해받지 않고 자라서 끝이 피라미드 모양이야. 석영은 원래 투명하지만 여기에 아주 소량의 철이 섞이면 보라색이 돌아. 그것을 자수정이라고 해.

밝은색 규산염광물은 알루미늄, 칼륨, 칼슘, 나트륨이 섞인 것인데, 모두 양이온이야. 규산염 분자가 음전기를 띠고 있기 때문에 양이온과 결합하는 거야. 여기에 속하는 것으로는 진주 광택이 나는 백운모를 들 수 있어. 백운모는 규산염에 알루미늄과 칼륨이 결합한 것으로, 얇게 쪼갤 수 있고 투명해서 중세시대엔 유리로 사용하기도 했어.

우리가 잘 모르지만 아주 중요한 규산염광물로 카올린나이트도 있어. 종이를 만들 때 펄프를 쓰는 것은 알고 있지? 여기에 광택을 주기 위해 이 광물을 갈아서 섞어. 고급 종이에는 카올린나이트가 25퍼센트나 들어 있어. 고급 도자기의 원료에도 들어가고, 밀크셰이크처럼 걸쭉한 음료를 만들 때 들어가는 첨가제를 만들기도 해.

어두운색 규산염광물은 철과 마그네슘을 포함하고 있어. 감람석, 휘석, 각섬석, 흑운모, 석류석처럼 검은색, 짙은 올리브색, 검붉은색이 나는 광물에는 대부분 철과 마그네슘이 섞여 있어.

지금까지 규산염광물에 대해 이야기했으니 이젠 비규산염광물에 대해 말해 볼게. 이건 마치 집합과 여집합 같은 느낌이야.

비규산염광물은 지각의 8퍼센트를 차지하고 있을 만큼 양은 얼마 되지 않지만, 경제적 가치가 있는 것들이라 매우 중요해. 인간들이 땅을 파는 이유는 대부분 비규산염광물을 얻기 위해서야. 여기에는 탄산염광물, 황산염광물, 할로겐광물, 황화광물, 원소광물 등이 포함되어 있어.

탄산염광물인 방해석은 시멘트의 원료이고, 진주조개가 만들어 내는 진주층 역시 아라고나이트라는 탄산염광물과 같은 성분이야. 대표적인 할로겐광물로는 암염이 있는데, 할로겐 이라는 말의 어원은 소금이야. 황산염광물로는 석고가 있어. 광물 이름은 도저히 못 외우겠지만 시멘트, 진주, 소금, 석고가 비규산염광물로 이루어진 암석에서 얻거나 성분이 같다는 점은 알겠지? 특히 중요한 것은 황화광물인데, 납을 얻는 방연석, 아연을 얻는 섬아연석, 구리를 얻는 황동석, 수은을 얻는 진사, 철을 얻는 황화철이 모두 황 이온을 가지고 있는 황화광물이야. 납, 아연, 구리, 수은, 철 역시 양전하를 가진 이온들인데, 이 원소들은 규산염 대신 황과 결합을 해. 산소와 결합한 산화광물도 있는데, 사파이어, 루비 같은 것들이 대표적이야. 아주 몸값이 비싼 것들이지.

금, 구리, 다이아몬드, 유황, 흑연, 은, 백금은 순수하게 한 원소로 이루어진 광물이야. 이런 광물은 암석들 사이에 거미줄처럼 퍼진 채 결정을 이루고 있어서 찾기 힘들어. 게다가 수도 적어서 귀한 대접을 받고 있지.

지금까지 말한 광물들은 비재생자원이야. 재생이 불가능하다는 거지. 왜냐하면 철, 알루미늄, 석유, 천연가스, 석탄은 땅속에서 광물이 되기까지 너무 오랜 시간이 걸리기 때문이야. 지난 2000년 동안 인간이 땅속에서 얻은 광물자원을 원

표 5-4 비규산염광물의 종류와 용도

광물군	광물	화학식	일반적인 용도
탄산염광물	방해석	$CaCO_3$	포클랜드 시멘트, 석회
	돌로마이트	$CaMg(CO_3)_2$	포클랜드 시멘트, 석회
할로겐광물	암염	$NaCl$	보통 소금
	형석	CaF_2	제철용
	실바이트	KCl	비료
산화광물	적철석	Fe_2O_3	철광석, 염료
	자철석	Fe_3O_4	철광석
	강옥	Al_2O_3	보석, 연마제
	얼음	H_2O	물의 고체상
황화광물	방연석	PbS	납광석
	섬아연석	ZnS	아연광석
	황철석	FeS_2	황산 제조
	황동석	$CuFeS_2$	구리광석
	진사	HgS	수은광석
황산염광물	석고	$CaSO_4 \cdot 2H_2O$	회반죽 재료
	경석고	$CaSO_4$	회반죽 재료
	중정석	$BaSO_4$	시추점토
원소광물(단일원소)	금	Au	상거래, 장신구
	구리	Cu	전기 도체
	다이아몬드	C	보석, 연마제
	유황	S	설파제, 화공품
	흑연	C	연필심, 건식 윤활제
	은	Ag	보석, 사진
	백금	Pt	촉매제

상복구하려면 몇 백만 년이 걸려. 그러니 인간의 입장에선 재생 불가능한 자원인 셈이지. 이 자원들이 인간의 삶에 큰 도

움을 준다면 미래를 살아갈 후손들을 위해 계획적으로 잘 나누어 써야 해. 안 그러면 미래의 지구에선 자원이 부족해 원시시대처럼 살아야 할지도 모르니까. 또는 다른 행성을 찾든지 말이야. 하지만 우리가 아는 한 지구 같은 행성은 가까이 없어. 그러니 지속가능한 지구에서의 삶을 위해 계획적으로 써야 해.

인간의 삶에 필요한 광물과 암석은 땅속에서 마그마가 식어서 만들어져. 그렇게 생겨난 암석은 다양한 방법으로 지표로 올라오는데, 가장 확실한 방법은 화산활동이야. 그럼 다음 장에선 화산활동에 대해 알아볼까.

6.
화산 –
화산이 없으면
우리도 없다

화산의 구조

종이에 화산 단면도를 한번 그려 볼래? 식은 죽 먹기라고?
그런데 왜 삼각형만 그려 놓고 가만히 있어? 못 그리겠다고?
좋아, 그럼 내가 이야기해 줄 테니까 잘 듣고 그려.

화산 아래 마그마가 고여 있는 곳을 마그마 챔버라고 해.
마그마가 지각을 뚫고 올라오는 관을 화도라고 하고, 지각
을 뚫고 나와 공기와 만나는 곳을 화구라고 해. 화산 폭발을
한 번 하고 오랜 시간 그 상태로 있으면, 화구 주변이 내려앉
아 깔대기 모양의 분화구가 돼. 그보다 더 오랜 시간이 지나
면 분화구도 무너져 내리는데, 그 결과 분화구는 확 넓어지고
바닥이 평평해지면서 바닥을 둘러싸는 경계가 생겨. 이를 '칼
데라'라고 해. 백두산 천지와 한라산 백록담은 칼데라에 물이
고여 생긴 호수야. 마그마 챔버와 분화구를 잇는 화도가 고속
도로라면 화도 주변에는 나뭇가지 모양으로 뻗은 간선도로가
있어. 이 작은 화도를 통해 화산체 옆구리에서 용암을 뿜어내
는 작은 화산을 기생화산이라고 해.

이상은 전형적인 화산의 모습이야. 그런데 화산 중에는 불
을 뿜거나 용암이 나오지 않는 화산도 있어. 그러면서도 아주
빠른 속도로 자라서 아주 깔끔하고 예쁜 원뿔 모양 화산이 된

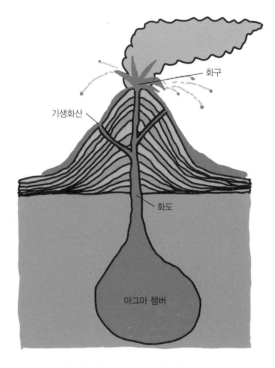

화구

기생화산

화도

마그마 챔버

그림 6-1 전형적인 화산의 모습. 너도 한번 그려 봐.

후 갑자기 활동을 멈추는 아주 이상한 것도 있어. 이런 특이
한 화산을 분석구라고 해.

분석구는 스코리아가 쌓여서 생겨나. 스코리아는 현무암이
야. 구멍이 아주 많은. 이 구멍은 현무암질 마그마가 화도로

올라와서는 화구에 다다를 무렵 휘발성 기체와 수증기가 빠져나가면서 생겨난 거야. 그런데 어떤 경우 스코리아가 화구에서 분출될 때 작은 파편으로 쪼개져서 비처럼 내려앉아. 이건 모래를 한곳에 부으면 깔때기를 거꾸로 놓은 모양으로 쌓이는 것과 똑같은 상황이야. 이렇게 생긴 것이 분석구야.

분석구의 기울어진 면은, 물체가 사면에 머무를 수 있는 최대 각도인 '안식각'을 이루고 있어. 안식각은 30~40도로 물체의 특성에 따라 달라. 확실한 것 한 가지는 매우 가파르다는 거야.

분석구는 어느 날 전혀 예상치 못한 곳에서 느닷없이 생기는 경우가 많아. 멕시코시티에서 서쪽으로 430킬로미터 떨어진 어느 옥수수 밭에서 분석구가 생기리라고 누가 생각했겠어? 1943년 봄 옥수수 밭에 씨를 뿌리던 농부는 밭이 부풀어 오르면서 스코리아가 퓨슈슉 소리를 내며 나오는 것을 보았어. 얼마나 놀랐을까? 아마 이 농부는 인류 역사상 화산이 태어나는 장면을 목격한 유일한 사람이었을 거야. 분석구는 하룻밤 사이에 40미터 높이로 자라났고 닷새 후에는 무려 100미터 높이의 산이 되었어. 벌겋게 달구어진 화산재와 스코리아가 불꽃놀이 하듯 밤낮을 가리지 않고 터져 나와 마을은 난리가 났어. 뜨거운 화산쇄설물이 마을을 덮쳐 불타 버렸고,

그 후로 9년 동안 간헐적으로 용암이 가끔 흘러나와 마을은 흔적도 없이 사라졌어. 당시 마을에서 가장 높은 건물이었던 교회의 첨탑만 용암 사이로 삐죽 솟아올라, 여기가 마을이었다는 사실을 짐작할 수 있게 할 뿐이지.

그런데 말이야, 믿기지 않겠지만 어느 날 갑자기 화산이 활동을 딱 멈추었어. 이건 도대체 뭘까? 과학자들의 말에 따르면 이런 화산은 다시는 활동을 하지 않는다고 해. 참 변덕스럽지 뭐야. 아무리 용암이 나오지 않는다고 해도, 화산은 인간에게 재해로 다가와. 우리나라엔 다행히 활화산이 없지만 5억 명에 이르는 사람이 화산 근처에서 화산 재해에 직면한 채 살아가고 있어.

그런데 우리가 알아야 할 것이 있어. 화산이 없었다면 우리도 없다는 사실이야. 지구가 태어나서 불덩어리일 때 화산 폭발로 지구 내부에 있던 가스들이 터져 나와 대기를 이루었고, 그때 나온 이산화탄소는 지구의 열이 우주로 빠져나가는 것을 막아서 생명체가 살기 적당한 온도를 유지해 주었어. 이산화탄소가 따뜻한 담요 같은 역할을 한 거지. 그래서 이 효과를 담요효과라고 해. 요즘은 인간이 배출한 이산화탄소로 담요효과가 너무 커져 지구온난화를 불러왔고 이것이 기후 변화와 이어져 위기 상태까지 왔어. 이건 모두 인간의 잘못이

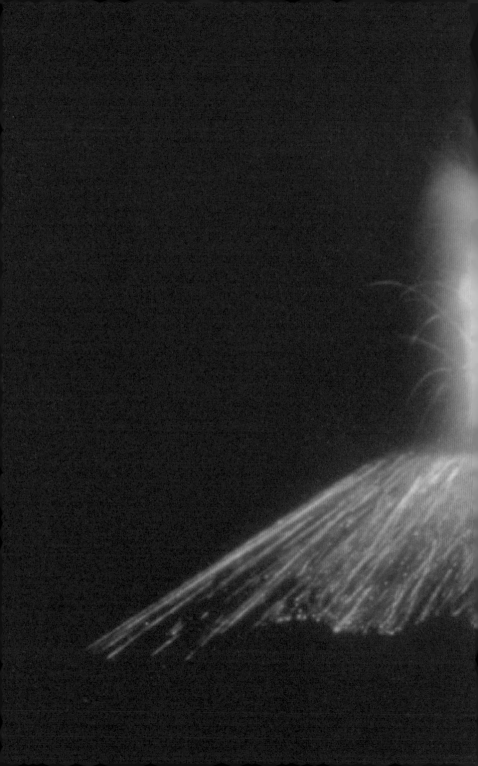

사진 6-1 1943년 멕시코의 파라쿠틴 마을에 벼락 치는 소리와 함께 용암이 흐르고 스코리아가 튀져 나왔어. 그렇게 분석구가 만들어진 거야. (출처: NOAA; 위키피디아 커먼즈)

지. 하지만 화산이 내뿜은 이산화탄소가 아니었다면 지구는 너무 추워서 생명체가 살아남지 못했을 거야.

화산 폭발로 나온 수증기가 아니었으면 바다도 생길 수 없었어. 지구가 처음 생겨났을 때는 바다가 없었어. 마그마가 식으면서 생겨난 수증기가 화산 폭발 형태로 지구 내부에서 나온 덕분에 바다가 생겨난 거야. 바다가 없었으면 생명체가 생기지 않았을지도 몰라. 최근 과학자들의 연구에 의하면 최초의 생명체는 해저화산 근처에서 생겼을 가능성이 크다고 해. 그러니 결론적으로 화산이 아니었으면 우리도 없는 거야.

이렇게 중요한 화산의 모습 정도는 알고 있어야겠지? 그나저나 화산 다 그렸니? 뭐? 이야기 듣느라 못 그렸다고? 음, 이야기가 재미있었나 보네. 칭찬이라고 생각할게.

≡ 화산 재해에서 살아남기 ≡

화산의 열기와 화산이 내놓는 무기물 덕분에 살아가는 생명체가 많지만, 그래도 화산이 폭발하면 무서운 것은 사실이야. 만약에 화산이 터지면 어떤 피해를 입을까? 잘 모르겠다고? 당해 본 적이 없구나. 그럼, 그것도 알려 줄게. 혹시 화산 옆에 살게 될지도 모르잖아.

화산 재해의 대표적인 원인은 화쇄류, 화산이류, 쓰나미, 화산재가 있어.

화쇄류는 타오르는 화산재 및 다양한 크기의 용암 파편과 가스 등의 화산쇄설물이 한꺼번에 흐르는 것을 이르는 말이야. 화쇄류는 화산의 사면을 타고 오로지 중력의 힘으로 모든 것을 불태우며 내려오는데, 규모가 어마어마하고 속도도 시속 100킬로미터에 이를 정도로 빨라. 잘못해서 그 안에 있으면 그냥 통구이가 되는 수밖에 없어.

화쇄류와 함께 무서운 것은 화산폭풍이야. 화쇄류가 빠른 속도로 지나가고 나면 화산과 화쇄류 사이에 일시적으로 기압이 낮은 지대가 생기기 때문에, 화산 근처에 있던 화산재가 빠른 속도로 밀려와 폭풍처럼 몰아쳐. 마치 태풍처럼 말이야. 1902년 카리브해에 있는 마르티니크의 생피에르시는 화산 폭발 뒤 생긴 화산폭풍으로 2만 8000명에 이르는 시민이 모두 죽고, 감옥에 있던 죄수 한 사람과 항구에 있던 선원 두어 명만 극적으로 살아남았어. 모든 상황이 끝난 뒤 그곳에 조사를 갔던 과학자들은 아주 깜짝 놀랐어. 1미터 두께의 석벽이 도미노처럼 쓰러져 있었고, 큰 나무들이 뿌리채 뽑혀 있었거든. 그런데 도시엔 화산재가 좀 두껍게 쌓인 것 말고는 도시를 밀어 버릴 화쇄류가 발견되지 않았어.

화쇄류는 도시와 좀 떨어진 계곡에 주로 쌓여 있었어. 당시엔 화쇄류가 계곡을 따라 흐를 것이기 때문에 도시는 안전하다고 여겨 아무도 대피하지 않았던 거지. 이 모든 정황을 종합할 때 생피에르를 폐허로 만든 것은 화산폭풍이라고 생각할 수밖에 없었어. 사람들은 화산폭풍의 무서움에 대해 몰라서 피하지 않았고 그 탓에 도시가 전멸한 거야. 인간이 일으킨 어떤 전쟁도 도시를 싹 쓸어 버릴 수는 없어. 하지만 화산은 할 수 있어. 자연은 그럴 수 있어.

화쇄류의 공포를 그대로 알려 주는 또 다른 예는 기원후 79년에 폭발한 베수비오 화산의 화쇄류에 갇힌 폼페이시야. 화쇄류에 파묻힌 폼페이는 그 후 17세기가 되어서야 발굴되기 시작했고, 오늘날 과학자들이 무슨 일이 일어났었는지 소상히 알아냈지. 폭발이 시작되자 화산재와 부석이 비처럼 내려 시간당 15센티미터나 쌓였어. 부석은 스코리아처럼 구멍이 많이 뚫린 화산암이야. 화산재는 불타는 재였기 때문에 도시는 오븐이 되고 말았지. 화산재가 온종일 쌓이니 지붕은 폭삭 무너져 내렸고, 설상가상으로 베수비오 화산에서 화쇄류가 빠른 속도로 내려와 그나마 살아 있던 생물들을 매몰시켰어. 거기에다 비까지 내려서 화산재와 부석을 단단하게 만들었는데, 이런 상태로 1600년 이상 지나니 생물은 모두 부패되어

그림 6-2 화쇄류의 속도는 사람의 빠르기로는 피할 수 없는 수준이야.

사라졌고 둘러싸고 있던 틀만 남아 폼페이에 사람이 살았다는 사실을 알려 주고 있지. 당시 이곳에 살았던 사람이 300만 명이라고 하니 얼마나 큰 도시였나 몰라. 그런 도시가 화산 폭발 한 번으로 끝나다니, 정말 무시무시해.

생피에르와 폼페이 사건의 공통점이 있어. 몇몇 전문가들은 화산이 폭발할 것을 알아차리고 경고를 했었다는 점이야. 하지만 큰 도시엔 경제, 정치, 부동산 등 너무나 많은 것들이 얽혀 있어 사람들은 쉽사리 대피할 수가 없었어. 이런 경우 정치, 언론, 경제 전문가들은 가장 피해가 적은 시나리오를 강조해. 그리고 별일 없을 것이라는 전망을 대중 사이에 퍼뜨리지. 자연재해에 관해서라면 가장 나쁜 시나리오를 전제로 하고 대비해야 하지만 대부분 그러지 않아. 당장은 손해를 보더라도 공동체가 함께 살아남으려면 버릴 것은 과감히 버려야 해. 그러지 않은 결과가 어땠는지 봐. 죽으면 아무것도 소용없어. 이 두 사건은 자연재해를 대하는 태도가 어떠해야 하는지 잘 알려 주는 예라고 할 수 있어.

화산이류는 화산재가 물과 섞여 경사면을 따라 빠르게 내려오는 현상이야. 물에 화산재가 더 이상 섞일 수 없을 만큼 포화상태로 섞여 내려오기 때문에 홍수보다 훨씬 강력하고 파괴적이야. 정말 모든 것을 휩쓸고 지나가. 지나가면 아무것도 복구할 수 없어. 화산에 물이 어디서 났냐고? 분화구 주변에 눈이 있는 경우가 있어. 이런 경우 화산이 폭발하면 당연히 눈과 얼음이 녹겠지. 물론 아무도 막을 수 없어.

쓰나미 또한 화산으로 인해 생기는 큰 재해 중 하나야. 앞서 한 번 말한 적이 있지만, 만약 바닷가에 있는데 바닷물이 갑자기 뒤로 물러나면서 쏴악 빠지면 쓰나미를 의심해야 해. 그다음에 물러났던 파도가 거대한 산이 되어 덮치니까. 쓰나미는 화산 폭발 에너지를 바닷물이 옮겨 주기 때문에 남아메리카에서 일어난 화산 폭발이나 지진으로 하와이나 아시아에 쓰나미가 생길 수도 있어.

화산재는 다양한 방법으로 피해를 줘. 화산 근처에 있는 아이슬란드 같은 나라는 화산재 때문에 항공기 운항이 취소되는 경우가 있어. 비행기가 화산재 속에 들어갔다가 엔진이 모두 꺼져서 비상 착륙을 해야 하는 경우도 있지. 이런 경우 며칠이면 정상화되는 비바람과 달리 화산이 잠잠해질 때까지 몇 주나 기다려야 되는 경우가 많아.

화산재는 호흡기 건강에도 매우 좋지 않아. 이산화황을 포함해 유독가스는 생물체에게 독으로 작용하기 때문에 폐질환의 원인이야. 그래서 화산 근처에 있는 학교에선 어린 학생들의 건강에 특히 신경을 써. 주기적으로 가정통신문을 보내서 어린이나 청소년이 기침을 하거나 호흡 곤란이 오지는 않았는지 묻고, 조금이라도 증상이 보이면 국가에서 나서서 치료하도록 도와줘.

화산재는 날씨와 기후에도 큰 영향을 미쳐. 화산재는 대기 상공에 머무르면서 햇빛을 차단하기 때문에 평균기온이 내려

사진 6-2 1994년 5월 북마리아나제도의 파간산 화산이 터지면서 화산재가 기둥이 되어 널어졌어. (출처: USGS; 위키미디아 커먼스)

가. 그 결과 대기 순환에 영향을 주어서 기후 변화의 요인이
되기도 하지. 예를 들어 1783년 아이슬란드의 화산 폭발 영
향으로 다음 해인 1784년 겨울 동안 뉴잉글랜드에서 영하로
떨어진 날이 역사상 가장 길었다는 기록이 있어. 1815년 인
도네시아 탐보라 화산이 폭발했을 때는 1816년을 여름 없는
해로 만들었고, 1982년 멕시코의 엘치촌 화산은 엄청난 양의
이산화황을 내뿜어 황산 비가 내리기도 했어.

화산이 하는 일은 아무도 막을 수 없어.

화산 옆에 사는 이유

화산에 대한 나쁜 이야기를 너무 많이 했나? 그렇지만 흥미
진진했지? 그런데 말이야. 이렇게 위험한 화산 근처에 사람
들이 사는 이유는 뭘까?

화산이 주는 것도 많기 때문이야.

화산재나 화쇄류는 한꺼번에 많이 쏟아지면 사람을 죽일
만큼 무섭지만, 아이러니하게도 화산 폭발은 땅속에 있는 풍
부한 무기물을 꺼내는 유일한 방법이기도 해. 화산은 커다란
국자인 셈이지. 그래서 커피, 설탕, 바나나, 카카오 농장이 모
두 화산지대 가까이에 있는 거야.

화산이 주는 풍요로움을 누리는 것은 사람만이 아니야. 아프리카열곡대를 이야기하면서 화산 이야기를 한 적이 있지? 이곳 화산이 내뿜는 화산재가 사바나를 아주 비옥하게 만들기 때문에, 여기서 자라는 풀은 칼륨과 인이 아주 풍부해. 그래서 검은꼬리누, 얼룩말이 그 풀을 먹고 거의 동시에 새끼를 50만 마리나 낳아. 그곳이 바로 동물의 왕국에 단골로 등장하는 세렝게티야. 물론 이렇게 태어난 새끼 가운데 90퍼센트는 육식동물에게 사냥을 당하지만 결국 그 덕에 세렝게티의 생태계가 건강하게 유지되고 있어. 다행히 검은꼬리누는 새끼 중 5만 마리만 살아남아도 전체 수를 유지하는 데 아무런 지장이 없지. 이 모든 생명의 순환이 화산 덕분에 가능한 거야.

아이슬란드나 일본, 하와이는 화산 덕분에 관광수입을 올리기도 해. 눈이 펑펑 내리는 겨울에도 뜨거운 물이 솟아나는 노천온천을 즐기고, 이제 막 식은 용암 때문에 어떤 생물도 존재하지 않는 외계 행성 같은 모습을 보려고 온 세계 사람들이 몰려오거든.

일본열도와 캄차카반도 사이에는 쿠릴열도가 있어. 이 역시 태평양판과 유라시아판의 경계에 생긴 화산도호인데, 이곳에 있는 쿠릴호수는 불곰 관광으로 유명해. 말 그대로 불곰이 많고 사람에겐 별 관심이 없기 때문에 멀찍이 떨어져서 무서운 곰을 마음껏 구경할 수 있는 거지. 불곰이 위협적이지 않은 이유는 이곳에 연어가 많기 때문이야. 연어는 화산재가 녹아 무기질이 풍부한 호수에 알을 낳으러 와. 이 또한 화산이 없으면 불가능한 일이야.

마그마로 데워진 물은 난방수로 쓰이기도 해. 아이슬란드에서는 화산 에너지를 이용하는 방법을 다각도로 연구하고 있어. 요즘 문제가 되고 있는 기후 변화에 좋은 대응 방법이기도 해.

경제성이 있는 다양한 광물을 화산 근처에서 캐낼 수도 있어. 그중 가장 인기 있는 것은 다이아몬드야. 다이아몬드는

그림 6-3 화산만이 줄 수 있는 풍요로움 때문에 사람들은 위험을 감수하며 화산 옆에 살지.

지하 200킬로미터에서 생성되는데, 이 깊은 곳에서 만들어진 다이아몬드가 지각 위로 올라오는 방법은 화산 폭발에 실려 오는 방법이 유일해. 그렇다고 용암과 함께 다이아몬드가 하늘로 날아오르는 것은 아니야. 마그마와 함께 지각으로 올라온 다이아몬드는 화산 근처 땅속 광상 속에 숨어 있어. 지하 깊은 곳 마그마와 지각의 경계에서 뜨거운 열과 압력을 받아 입체적인 결합구조를 구축한 다이아몬드는 시간이 갈수록 주변에 있는 탄소를 끌어모아 더 큰 결정이 돼. 이런 결정은 대부분 다른 광물과 섞여 박혀 있는데, 이것을 '킴벌라이트'라고 해. 남아프리카공화국 노던케이프주에 있는 킴벌리의 광산에서 다이아몬드 원석이 박힌 암석이 발견되었어. 눈치 빠른 사람들은 금방 알아챘을 거야. 킴벌라이트라는 이름이 바로 여기에서 생겼어. 다이아몬드를 더 가지고 싶은 인간들은 킴벌라이트가 있는 곳을 찾고 있어. 물론 아무 곳이나 찾지 않아. 화산 근처를 샅샅이 훑어.

　요즘 사람들이 관심을 가지고 있는 곳은 아프리카 탄자니아에 있는 이그위시힐스 화산이야. 이 화산은 1만 2000년 전에 생겨났고 근처에서 킴벌라이트로 보이는 암석들이 발견되었어. 이것이 킴벌라이트가 맞다면, 여기는 새로운 다이아몬드 광산이 되는 것이지.

마그마가 필요해

화산이 태어나려면 마그마가 있어야 해. 마그마는 맨틀이 용융되어 생긴 것이라고 했지? 용융이란 광물이 녹는점에 도달해 액체가 되는 상태야. 설탕으로 용융의 예를 들자면, 각설탕에 열을 가해 갈색으로 녹이는 그런 상황이야. 그런데 설탕을 물에 녹일 수도 있잖아? 용융은 물에 녹는 것이 아니라 녹는점에 이르러서 액체 상태로 변하는 것을 이르는 말이야.

용융된 마그마에는 상당히 많은 가스가 포함되어 있어. 수증기, 황, 이산화탄소, 일산화탄소 같은 것들이 큰 압력으로 인해 녹아 있는데, 이들은 기회만 있으면 지각 밖으로 나갈 궁리를 해. 그래서 지각이 조금이라도 얇은 곳이 생기면 폭발적으로 터져 나오지. 마치 탄산음료 병뚜껑을 땄을 때 거품이 확 퍼져 나오는 것처럼 말이야.

적당히 뚫을 만한 지각을 찾으면 각종 휘발성 가스와 수증기가 폭발하면서 터져 나오고, 어른 머리통만 한 화산탄, 화산 파편, 화산재, 화산진 등이 나오는데, 이를 통틀어 화산쇄설물이라고 해. 화산쇄설물이 흐르는 것을 화쇄류라고 하는데, 초음속으로 지나갈 때도 있을 만큼 속력이 빠르기 때문에 운 나쁘게 목숨을 잃는 사람이 많아.

베수비오 화산이 터졌을 때 그 아래 폼페이에 살고 있던 사람들이 평소 모습 그대로 화산재에 파묻혀 화석이 된 것은, 화산이 터지는 걸 두 눈 다 뜨고 보고 있었지만 도저히 도망갈 수 없어서야. 1883년에 인도네시아 자바섬과 수마트라섬 사이에 있는 크라타타우 화산이 폭발했을 때는 또 어떻고. 화산 폭발 소리는 2400킬로미터나 떨어진 오스트레일리아에서도 들렸고, 어마어마한 양의 화산재가 대기로 방출되어 햇빛을 막아 다음 해에 전 세계에 흉년이 들었어. 당연히 굶어 죽는 사람도 늘었지. 섬은 사라졌고 이때 생긴 쓰나미 때문에 3만 명이 익사했어. 물론 호흡기 질환을 겪는 환자들은 고생을 하거나 서서히 죽을 수밖에 없었고 말이야. 그나마 긍정적인 면은 화산진으로 몇 달 동안 그림 같은 석양을 볼 수 있어서 화가들이 노을을 엄청 그려 댔다지 아마.

아무튼 이 모든 일이 지각을 뚫고 나갈 기회를 호시탐탐 노리는 마그마 때문이라는 것이 포인트! 마그마가 가지고 있던 가스들이 바깥으로 다 빠져나가면 용융된 광물만 남는데, 이것이 용암이야. 흥미로운 점은 용암의 성분은 화산마다 다르다는 점이야. 사람 얼굴 다 다르듯 화산에서 나오는 용암도 특성이 있어.

화산마다 용암의 성분이 다른 이유는 마그마가 달랐기 때문이야. 그럼 마그마가 원래 다 다른 것일까? 그럴 수도 있고 아닐 수도 있어. 과학자들은 지구 속에 있는 마그마는 대부분 성분이 같다고 생각해. 그렇다면 밖으로 나온 용암의 성분이 다른 이유는 뭘까? 그건 온도와 관련이 있어.

　미국의 지구물리학자인 보웬은 1300도에 이르는 마그마가 점차 식으면서 녹는점이 높은 광물부터 순서대로 결정화되어 지각 밑에 머문다는 사실을 알아내고 1922년 논문을 써서 발표했어. 이를 보웬의 반응계열이라고 해. 마그마가 식어서 1250도에 이르면 휘석, 감람석처럼 올리브색, 검은색이 주를 이루는 광물이 결정화되어 제 모습을 찾아. 1000도보다 낮아지면 사장석, 감람석, 흑운모같이 회색과 검은색 광물이 결정화되고, 650도에 이르면 투명한 석영이나 분홍색인 칼륨장석이 포함된 무색, 밝은색 광물이 모습을 드러내지.

　지구 중심에선 계속 열이 나오고 있기 때문에 그냥 가만히 있으면 식지 않아. 마그마가 식으려면 지구 중심에서 멀리 떨어져 가능한 한 지각 가까이 올라가야 해. 지각에 이르면 자연히 높은 온도에서 결정화되는 순서대로 광물이 남아. 그래서 식고 있는 마그마의 단면을 자르면, 마치 층이 있는 케이크를 보는 것과 비슷할 거야. 가장 아래쪽에는 올리브색을 띤 어두운색 광물, 그 위에는 회색을 띤 어두운색 광물, 지각에

표 6-1 광물이 결정화되는 온도

마그마의 온도	1250도~1000도	1000도~650도	650도 이하
광물의 종류	휘석, 감람석	사장석, 감람석, 흑운모	석영, 칼륨장석
광물의 색	검은색, 올리브색	회색, 검은색	무색, 분홍색, 밝은색

가장 가까운 곳에는 밝은색 광물이 층을 이루게 되는 거지.

하지만 자연에는 여러 가지 변수가 많아. 마그마 주변에 어떤 암석이 있는지, 대륙지각인지 해양지각인지, 마그마 주변의 온도가 어떻게 변하는지에 따라 각기 다른 화산이 되고, 다른 종류의 용암을 쏟아 내.

아마 화산을 상상하라고 하면 벌건 용암이 콸콸 쏟아지거나, 거대한 폭발을 일으키는 원뿔 모양의 화산을 생각할 거야. 하지만 말이야, 그런 화산은 유명한 것 몇 개만 그렇고 대부분은 그다지 위협적이거나 무시무시하거나 매력적으로 생기지 않았어. 그래도 역시 화산의 상징은 용암이라 할 수 있지.

용암이 흐르는 정도는 당연히 용암의 온도와 관련이 있어. 뜨거우면 유동성이 좋아서 빨리 흐르고 좀 식으면 빡빡해서 잘 흐르지 않아. 간혹 흐르는 용암 속에서 자동차의 뼈대인

철이 막 녹는 동영상이 돌아다니는데, 사실 이건 거짓말이야. 철의 녹는점은 1538도이고 용암의 온도는 1300도를 넘지 않아. 그러니 자동차의 플라스틱 구조물은 다 녹아도 형체를 이루는 철골 뼈대는 녹지 않아. 그렇다고 차에 남아 있으면 안 돼. 사람은 철이 아니니까.

용암의 흐르는 정도를 좌우하는 가장 중요한 요소는, 용암에 포함된 규소의 함량이야. 맞아, 지각에 가장 많이 들어 있는 성분인 규소, 바로 그거야. 용암은 규소가 얼마나 포함되어 있느냐에 따라 대략 세 가지로 구분해. 규소의 함량이 적은 것부터 말해 보면 현무암질, 안산암질, 유문암질 용암이야. 이 용암이 공기 중으로 나오기 전에는 마그마였다는 점을 잊지 마. 마그마에서 가스가 빠져나가고 남은 것이 용암이니까. 용암의 흐르는 정도를 점성으로 표현할 수 있어. 점성은 끈적이는 정도를 뜻하는 말이야. 낮은 점성을 가진 용암은 잘 흐르고 점성이 높은 용암은 잘 흐르지 않아. 온도가 같을 때 말이지.

규소의 함량이 적은 현무암질 용암은 철과 마그네슘 성분이 많아 고철질 용암이라고도 하는데, 점성이 작아서 아주 잘 흘러. 현무암질 용암은 현무암질 마그마가 지각 아래에 고여 있다가 암석을 깨고 나와 생기는데, 화산이 터지기 몇 년 또는 수십 년 전부터 땅이 부풀어 오르기 때문에 폭발을 미리 알 수 있어. 폭발할 때는 마그마에 있던 기체들이 터져 나오지만 마그마가 묽기 때문에 마치 분수쇼를 하는 것처럼 용암이 솟구쳐. 그런 다음 용암은 강처럼 흐르기 때문에 용암이 어디로 갈지 충분히 짐작할 수 있어. 그래서 피해는 그다지 크지 않아. 피할 수 있으니까.

현무암질 용암이 흐르는 화산은 용암이 분화구에 오래 머무르지 않고 흘러내리기 때문에 방패를 엎어 놓은 것처럼 넓고 평평한 화산을 만들어. 이런 화산을 방패 순 자를 써서 순상화산이라고 하는데, 하와이가 아주 좋은 예야.

현무암질 용암은 두 가지 형태로 식어서 '아아'와 '파호이호이'를 만들어. 아아는 뾰족한 가시모양의 돌기들이 표면에 생긴 현무암으로, 밑창이 두꺼운 신을 신어도 그 위를 걸으면 매우 불편해. 또 손을 스치기만 해도 피가 날 정도로 날카로운 부분이 있어서 가까이 가면 안 돼. 파호이호이는 밧줄을 둘둘 감아 놓은 것처럼 식은 현무암인데, 마치 검은 유리로 만들어 놓은 것처럼 생겼어. 용암이 흐르다 결정을 만들기 전에 급속하게 식어서 생긴 것으로, 실제 유리를 만드는 방법으로 생긴 현무암이야. 자연은 오래전부터 유리 만드는 법을 알고 있었던 셈이지. 파호이호이가 깨지면 날카로운 날이 선 조

사진 6-3 하와이 킬라우에아 화산에서 볼 수 있는 '아아'야. 끝이 뾰족해서 위험하지.
(출처: USGS; 위키미디어 커먼즈)

각으로 깨져. 유리조각과 같은 셈이지. 그러니 아아든 파호이
호이든 근처에 가지 않는 것이 좋겠지.

이렇게 잘 흐르는 용암은 공기와 접촉하는 윗부분은 식어
도 아래에는 여전히 용암이 흐르기 때문에, 화산 폭발이 멈추
고 용암이 다 빠져나간 뒤 동굴을 남기기도 해. 이를 용암튜
브라고 하는데, 제주도에 있는 만장굴이 이렇게 생긴 용암튜
브야. 또 바다에서 화산이 폭발하면 잘 흐르는 용암은 치약을
짜낸 형태로 둥글게 식어서 '베개용암'을 만들기도 해. 물론

사진 6-4 로프형으로 생긴 이 이상해 보이는 물질이 '파호이호이'야. (출처: USGS)

딱딱해서 베고 자기는 힘들겠지만 말이야.

현무암질 용암이 만든 스코리아는 아주 작은 구멍이 많이 뚫린 다공질 현무암이야. 이와 유사하고 헷갈리기 쉬운 것이 부석인데, 부석 역시 구멍이 많이 뚫려 있어 비슷해 보이지만 구성 물질이 달라. 부석은 점성이 큰 유문암질 마그마가 폭발할 때 생겨난 것이야. 둘 다 구멍이 많다는 공통점이 있지만 태생이 달라. 출생의 비밀이라고나 할까.

규소의 함량이 높은 유문암질(규장질) 마그마는 점성이 매우 높아서 잘 흐르지 않아. 주로 규산염광물과 장석이 많이 포함되어 있는 마그마야. 점성이 큰 마그마는 분화구로 올라올 때 아주 뻑뻑하게 올라와. 그 말은 뚜껑이 잘 열리지 않는다는 뜻이야. 그러니 마그마 안에 있는 가스들은 압력이 오를 대로 올라 화산쇄설물과 가스를 초음속으로 내뿜어. 우리가 화산쇄설물을 피할 수 없는 이유가 바로 이거야. 그 부스러기들은 음속을 넘는 속도로 우리에게 다가오니까 말이야.

화산쇄설물은 기둥 형태로 솟아올라 '분출기둥'을 만드는데, 40킬로미터나 솟아오를 수 있어. 이런 경우 폭발은 한 번으로 끝나지 않고 연쇄폭발을 일으켜. 그리고 대부분 분화구를 통째로 날려 버리지.

이렇게 강렬하면서 연속적인 폭발로 공기 중에 나온 유문암질 용암은 화산탄, 화산재 등 화산쇄설물이 되어 하늘로 올라갔다가 그대로 쏟아져 내려와 원뿔 모양의 화산을 만들어. 이런 화산을 복성화산 또는 성층화산이라고 해. 이탈리아의 에트나 화산과 스트롬볼리 화산, 일본의 후지 화산, 필리핀의 마욘 화산 등, 좌우대칭이 뚜렷하고 원뿔 모양을 자랑하는 화

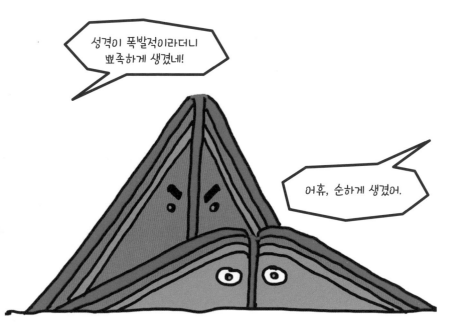

그림 6-4 순상화산과 복성화산.

산은 모두 유문암질 마그마가 만든 복성화산이야. 이런 화산들은 엽서나 화보에 자주 등장하는 화산계의 스타들이지. 우리가 화산 하면 떠올리는 바로 그 모습이야. 미국에 있는 세인트헬렌스 역시 완벽한 대칭미를 자랑하는 화산이었지만 1980년대 폭발과 함께 분화구가 폭삭 내려앉았어.

판의 경계에서 섭입대 아래에서 마그마가 생겨 화산으로

사진 6-5 1980년 5월 18일 오전 8시 32분, 세인트헬렌스산 역사상 가장 큰 산사태가 발생
했어. 몇 초 후, 화산이 폭발하여 모든 것을 파괴했지. (출처: USGS)

이어진다는 이야기 기억나니? 이 마그마는 중성마그마로 용암이 되어서 잘 흐르기도 하지만 때로 큰 폭발을 일으키기도 해. 현무암질(고철질) 마그마와 유문암질(규장질) 마그마의 중간쯤 되는 성격을 가지고 있지. 어떤 마그마는 화산 입구까지 왔는데 터져 나오지 못하고 식는 경우도 있어. 그러다 화산이 풍화·침식되어 깎여 나가면 용암이 되지 못한 채 굳은 마그마가 원기둥 모양으로 남기도 하지. 용암이 되지 못한 마그마라니, 뭔가 슬픈 생각이 들지?

때로는 마그마가 지층 사이를 비집고 들어가 고여 있다가 식는 경우도 있어. 대표적인 것이 주상절리인데, 거인의 계단이라고도 불리는 멋진 육각형 기둥이야. 제주도에도 있어서 아마 본 사람이 많을 거야.

우선 용어를 설명해 줄게. 절리란 암석의 틈새를 뜻하는 말이야. 갈라졌다는 말이지. 용융된 마그마가 갑자기 식을 상황이 되면 당연히 덩어리 바깥부터 식을 거야. 정확한 이유는 아직 밝혀지지 않았지만, 이런 경우 마그마는 식으면서 수축해서 육각형을 이루는 경향이 있어. 그리고 흐르는 방향에 대해 직각으로 기둥을 형성하지.

흐르는 용암을 용암류라고 하는데, 한 번 흐른 뒤 굳고 그 위에 또 흐르는 일이 반복되기 때문에 주로 넓은 층을 이루게 돼. 용암은 굳어서 현무암이 되고, 넓은 영역을 현무암으로 뒤덮어 고원지대를 만들기도 해. 이를 용암대지라고 해. 인도의 데칸고원, 한반도의 개마고원 등이 대표적이야. 특히 데칸고원은 중생대 말기에 생긴 어마어마한 규모의 화산 분출로 생겼는데, 이때 마침 멕시코에 소행성이 떨어져 엎친 데 덮친 격으로 지구 기후에 큰 변화가 일어났고, 그 결과 공룡이 멸종했다고 보고 있어.

지금까지 우리는 지진, 대륙이동설, 판구조론을 살펴보고 암석의 세계와 화산까지 지구의 모습을 여러 각도로 살펴봤어. 지구에 관한 지식과 개념은 인간의 오감으로 느끼기에 규모가 너무 커서 쉽게 상상하기 어려워. 그래서인지 어떤 사람들은 다양한 자연의 변화가 나와는 관계없는 일이라고 여겨. 하지만 그렇지 않아.

1년 내내 바다에서 사는 펭귄도 알을 낳으려면 단단한 바닥을 디뎌야 하고, 대부분의 삶을 하늘을 날며 보내는 알바트로스도 알을 낳고 새끼를 기르려면 땅으로 돌아와야 해. 사람은 어때? 땅이 없으면 살 수 없어. 우리는 누구나 땅에 발을 디디고 살아. 땅, 공기, 물이 없으면 인간은 식량을 구할 수 없어. 다른 생물도 마찬가지야. 든든한 지반이 되어 주는 지권이 없다면 모두 서식지를 잃고 살아남을 수 없어.

지구 생물의 삶에 없어서는 안 될 땅이지만 늘 고마운 것처럼 보이지 않을 수도 있어. 화산이 터지고 용암과 화산재가 쏟아져 내려 많은 사람이 죽고, 지진이 나서 죽기도 해. 하지만 알고 보면 화산은 땅속에 있는 미네랄을 땅 위로 꺼내 주는 고마운 존재야. 전 세계 인구의 5퍼센트가 화산 근처에서 사는 이유가 뭘까? 땅이 비옥해서 수확량이 많기 때문이야. 2018년 현재 전 세계 인구 중 55퍼센트가 도시에 산다는 점을 고려하면 아주 많은 수의 사람이 화산 옆에서 살고 있는 거야. 위험한데도 말이야.

땅은 불변이라고 생각하지만, 지구가 생겨난 이후로 지각은 한 번도 멈추어 있었던 적이 없어. 늘 천천히 움직이지. 그래서 지진이 날 수밖에 없어. 요즘은 과학자들의 연구 덕분에 지진이 나는 원인을 알고 지진을 예측할 수도 있어. 이제 더 이상 두려운 일이 아닌 것이지.

우리가 화산과 지진에 대한 과학지식을 익히면 자연재해가 마냥 무섭고 두려운 것만은 아니라는 점을 알 수 있어. 나아가 인간과 생물의 삶에 도움이 되도록 이용할 수도 있지. 무엇보다 중요한 점은, 사람과 생물의 목숨을 건질 수 있다는 거야. 지상의 생물이 모두 죽으면 이 모든 지식이 무슨 소용이야?

최근 인간의 무한한 욕심 때문에 기후가 급격하게 변화하면서 자연에서 벌어지는 일들을 제대로 예측하는 것이 어려워졌어. 많은 생물이 급변하는 환경에 적응하지 못해 멸종하기도 했어. 우리가 화산과 지진에 대해 나아가 지권에 대해 자세히 알아야 하는 이유는, 인간을 비롯한 지상의 생물이 지

지진과 화산 둘 아는 10대

구에서 잘 살아남는 데 도움이 되기 때문이야. 물론 급격한 기후 변화의 원인제공자가 곧 인간이기 때문이기도 하고 말이야.

어떤 사람들은 구제불능 지구를 떠나 달이나 화성에서 살자고 주장하기도 해. 하지만 지구를 떠날 수 있는 기술과 외계에서 살 수 있는 기반시설이 갖추어지지 않는 한 이 계획은 실행 불가능일 확률이 커. 어쨌든 우리는 이 지구에서 살아야 해. 그렇다면 지구에 대해 조금은 이해하고 있는 것이 좋지 않을까? 지구를 이해하다 보면 어떤 방식으로 살아야 좀 더 오래 평화롭게 지구에서 살 수 있을지 알게 될 거야.

지구를 위하는 것이 우리를 위하는 거야. 나아가 나를 위하는 길이야.

과학
쫌 아는
십 대
11

지구의 이야기에 귀를 기울여 봐

지진과 화산
쫌 아는 10대

초판 1쇄 인쇄 2021년 6월 3일
초판 1쇄 발행 2021년 6월 10일

지은이 이지유
펴낸이 홍석
이사 홍성우
인문편집팀장 박월
편집 박주혜
기획·책임편집 김재실
디자인 방상호
마케팅 이가은·이송희·한유리
관리 최우리·김정선·정원경·홍보람

펴낸곳 도서출판 풀빛
등록 1979년 3월 6일 제8-24호
주소 07547 서울특별시 강서구 양천로 583 우림블루나인비즈니스센터 A동 21층 2110호
전화 02-363-5995(영업), 02-364-0844(편집)
팩스 070-4275-0445
홈페이지 www.pulbit.co.kr
전자우편 inmun@pulbit.co.kr

ISBN 979-11-6172-801-8 44450
       979-11-6172-727-1 44080 (세트)